与最聪明的人共同进化

CHEERS

湛庐

HERE COMES EVERYBODY

U0566083

写给分心者的
生活指南

[美]　爱德华·哈洛韦尔（Edward M. Hallowell）
约翰·瑞迪（John J. Ratey）　　著
丁凡 译

DELIVERED
FROM
DISTRACTION

浙江教育出版社·杭州

測一測

你知道分心者如何改善生活吗？

扫码激活这本书
获取你的专属福利

- 分心通常有家族遗传性，如果父母之一有分心的症状，孩子就一定会有吗？
  A. 一定
  B. 不一定

扫码获取全部测试题及答案，
了解与分心有关的知识。

- 分心的人很容易出现上瘾行为，从某种程度上来说，上瘾其实是一种自我治疗吗？
  A. 是
  B. 否

- 服药是治疗分心最有效的办法吗？
  A. 是
  B. 否

扫描左侧二维码查看本书更多测试题

点燃你内心的创造力火焰

爱德华·哈洛韦尔

我的梦想就要实现了。仅仅是写下这几个字，就令我兴奋得喘不过气来。几十年来，我一直梦想着把我所掌握的 ADHD 相关知识传递给中国读者，想让大洋彼岸的人们也能认识到 ADHD 潜在的强大力量。

ADHD 是注意缺陷多动障碍的缩写，这种病被大众误解了很多年。误解恰恰来源于这个名字。我就患有 ADHD，但是相信我，我没有注意力不足的问题。我们这些患有 ADHD 的人根本不是注意力不足，恰恰相反，我们是注意力过剩。我们面临的挑战一直都是如何控制注意力。自从 1981 年我第一次了解 ADHD 以来，我的工作就是向大众解释它的真相，不仅讨论它可能导致的问题，更重要的是向大众揭示 ADHD 的特殊之处。

例如，被广泛用来诊断新型冠状病毒的 PCR 测试，它的发明者凯里·穆利斯（Kary Mullis）就患有 ADHD。他因 PCR 获得了 1993 年诺贝尔化学奖。捷蓝航空公司的创始人戴维·尼尔曼（David Neeleman）也患有 ADHD，他就将自己的创业天赋归功于 ADHD。2016 年里约奥运会的铅球金牌得主米歇尔·卡特（Michelle Carter）同时患有 ADHD 和阅读障碍。

我也患有 ADHD 和阅读障碍，但我仍然过上了很好的生活。虽然两者都给我带来了一些困扰，但我不仅没被打倒，还应对得很好。我以优异的成绩毕业于哈佛大学，同时主修英语和医学预科，后来成为一名医生和学习差异方面的专家。我还撰写了 23 本书，探讨了包括 ADHD 在内的多个主题。

我说这些的目的是从一开始就告诉你，患有 ADHD 不等于你的一生就要与焦虑、担心、伤痛为伴。它确实会给你的生活带来无数麻烦，但是，这并不是一种必然！如果你能学会与它相处，你也可以生活得很好。事实上，如果你能和 ADHD 和平共处，它甚至能助你取得高水平的成就。凯里·穆利斯、戴维·尼尔曼、米歇尔·卡特，以及其他数以万计的成功人士的人生经验就是最有力的证明。

因此，我很荣幸，能够将我所掌握的知识和最新的信息传递给中国读者，特别是中国的孩子。正如我开头所说，这是梦想成真的感觉。

我有三个孩子，我知道抚养孩子不是有爱就够了。我知道为他们担心意味着什么，我知道需要帮助的感觉。希望我的书会给你需要的帮助。

有些孩子天生具有与众不同的学习基因，他们有无边的创造力、好奇心和想象力。这样的人几百年前就有了，只不过那时我们还不知道 ADHD 或阅读障碍的存在。

然而，那个时代的人们在评价这样的孩子时，几乎都是在谴责。人们斥责他们缺乏纪律性、懒惰、破坏性强、愚蠢，他们被视为社会的污点。仅仅因为这些孩子不能顺从大人，他们就被忽视、遗忘、虐待甚至折磨。

如果你像我一样热爱生活、热爱孩子，那么读到这些描述时，你会无比痛苦。幸运的是，现在无数善良的人学会运用科学知识来拯救这些孩子。事实证明，他们不仅没有那么糟糕，而且还拥有巨大的天赋。

从 20 世纪开始，患有 ADHD 的孩子的行为总是招致道德层面的污名，人们认为羞辱、嘲笑和体罚是对这种行为最有效的干预措施。对患有 ADHD 的孩子来说，那是一段黑暗历史。最终，科学的进步带来了曙光。科学照亮的最重要的一个领域就是大脑，特别是在儿童如何学习、如何表现，以及人的情绪从何而来这些方面，我们的认知取得了巨大进展。

相比 100 年前，甚至 50 年前，我们在养育孩子这件事上已经幸运很多了。我们现在彻底明白而不仅仅是相信，形容一个人愚蠢或聪明是毫无意义的，你需要表述的是他"在什么方面愚蠢"和"在什么方面聪明"。

我在女儿 7 岁（她现在 33 岁了）时为她写过一个儿童故事，在故事中我总结了神经科学的进步：

> 没有两个一模一样的大脑，
>
> 也没有完美的大脑，
>
> 每个大脑都能找到自己独特的运行方式。

这就是事实。教育的目的是帮助每个孩子发现他有什么样的大脑，找到它

"独特的运行方式"。

每个孩子都有天赋。这些天赋就像未拆开的礼物，要靠父母、老师、教练、医生、长辈、亲戚，甚至整个社区及国家的帮助才能一一打开。只有这样，孩子在长大后，才知道他们拥有什么礼物，以及如何利用它们来发挥自己的优势，改善所处的环境，创造一个更好的世界。

很荣幸湛庐将我的四本书作为一个系列推出。这一系列主要从如何发现你和孩子的天赋展开，我还给出了在生活中应对分心的所有建议。

据我了解，中国约有 2500 万儿童患有 ADHD，至少还有 2.5 亿成年人也患有这种疾病。这些成人也完全可以像孩子那样，从学习找到天赋的过程中有所收获。

这一系列的第一本《分心不是我的错》于 1994 年问世。在该书出版之前，很少有人听说过注意缺陷。当时只叫"注意缺陷"，后来才加上"多动"。

在之后的 10 年里，这个领域迅速发展，我掌握了足够的新知识来写一本新书。所以 2005 年这一系列的第二本《写给分心者的生活指南》出版了。

之后，由于越来越多的父母向我寻求指导，想让我帮助他们学习方式各异的孩子发挥最大潜力，我又写了第三本《分心的孩子这样教》。

这一系列的第四本《分心的优势》，综合了目前最有效果的各种治疗策略，希望能够真正帮助分心者聚焦自身优势，找到自己的用武之地。

现在，我要简单说明一下 ADD（注意缺陷障碍）与 ADHD（注意缺陷多动障碍）的区别。ADHD 是现在普遍认可和使用的正式名称。当医学界把"多动"加进去后，就诊断而言，ADD 就不存在了。然而，各个年龄段的数百万人都有注意缺陷，尤其是女性，但她们不多动，主要是注意力不集中。我们现在只能用"以注意障碍为主型的 ADHD"来形容有注意力不集中的症状但不具有多动或冲动症状的人，用"混合型 ADHD"来形容既有注意力不集中的症状又有多动或冲动症状的人。

说到 ADHD 的定义，在美国，90% 的人都认为他们对 ADHD 很了解。其实不然。我想用一个比喻来说明它。一个人患有 ADHD 就像有一个法拉利赛车般的大脑，却配备了自行车的刹车片。它有一个非常强大的引擎，可以跑得很快，但是很难减速或停下来。拥有一辆刹车不良的法拉利是很危险的，但这就是患有 ADHD 的孩子以及他们的家人每天面对的情况。

作为一个发现天赋的专业人士，我的工作是帮助患有 ADHD 的人强化他们的刹车系统。我在"分心系列"中描述了我使用的许多技巧。

其中一个技巧基于哈佛大学的一项研究：小脑在调节多动症方面的作用。我们一直都知道小脑是帮助控制身体的平衡和协调的，但在哈佛大学这项研究出现之前，我们不知道小脑也参与了认知和情绪调节。经过研究，我们兴奋地发现，ADHD 患者通过做平衡练习来刺激小脑，症状得到了明显改善，他们更专注了，组织性和情绪控制力也得到了提升。

思欣跃儿童优脑（Cogleap）的创始人及首席执行官杰克・陈（Jack Chen）是医疗保健领域技术创新的引领者，他开发了一套基于平衡和小脑刺激的 ADHD 疗法。这种疗法不使用药物，而是依靠教育、辅导和有针对性的身体锻炼来帮助患者提高注意力、加强执行功能和维持情绪稳定。

借助技巧和练习，患有 ADHD 的儿童或成年人强化了大脑的刹车系统，也能更好地利用自己隐藏的天赋。

这些天赋通常包括创造力、独创性、创业精神、丰富的想象力和敏锐的观察力。分心者完全能成为一个有远见的人、一个预言家或一个敏锐的医生。他们从不放弃，天生慷慨大度。这些才能和天赋没有一个是可以买得到或轻易教育出来的。患有 ADHD 的人很幸运，他们生来就有这些天赋。

这些天赋对中国的孩子来说尤为特殊，因为中国的教育体系擅长培养能够严格遵守指令，按照老师要求做的学生，但他们在创造力和原创性思维方面可能会有所不足。能把"分心系列"带到中国，我的一个梦想就实现了。如果我的书能够帮助中国孩子以及成年人，让他们每天都有新想法、提出创造性问题、开辟新天地、允许自己犯错，我将会有巨大的成就感。

我很高兴看到中国孩子开始接受一种新的教育模式——游戏式的教育。我在"分心系列"中都提到了游戏，但是我所说的游戏并不是大多数人以为的意思，也不是课间休息时的游戏或放学后的玩耍。

我说的游戏是指人类思维进行的高级活动，是任何点燃想象力的活动，任何涉及发明、创新、进入未知领域的活动。游戏是只有人类能做的事情，至少目前连人工智能也无法企及。

在"分心系列"中，你会发现人类思维的神奇之处，了解如何点燃和利用你或你的孩子体内的创造力火焰。你也会看到一个患有 ADHD 的成人的世界就像孩子一样丰富。正是因为这些才华横溢的人带来的无限可能性，我们的世界才变得越来越好。

最后，我要感谢湛庐的编辑团队，也感谢我的朋友和合作伙伴杰克·陈。我还要感谢 5 年前我在上海演讲时热情的听众，感谢他们教会我的一切。希望我的"分心系列"能给中国读者带来一点回报。

第一部分 ▼
分心是怎么回事

第 1 章　　别人眼中的分心者，分心者眼中的自己　　003

第 2 章　　成功快乐的分心人士　　010

第 3 章　　测测自己是不是分心人士　　017

第 4 章　　对分心的可怕误解　　028

第 5 章　　分心者内在的不安分　　034

第二部分 ▼
从故事中认识分心

第 6 章　　班尼家：了解分心至关重要　　043

第 7 章　　乔伊：与分心相伴的其他问题　　056

第 8 章　　奥布莱恩家：互相扶持的分心一家人　　063

第三部分 ▼
分心的判断、原因及其他

第 9 章	判断是不是分心者的 7 个步骤	081
第 10 章	如果孩子有分心的问题，如何跟孩子解释	090
第 11 章	为什么有人会分心	094
第 12 章	分心与躁动	100
第 13 章	分心与阅读问题	109
第 14 章	分心与上瘾	113

第四部分 ▼
分心者如何才能成功快乐

第15章	如何改善分心最有效	125
第16章	5 步法找到分心者隐藏的优势	132
第17章	如何让分心的孩子在学校取得好成绩	138
第18章	如何帮助上大学的分心孩子	143
第19章	分心者应该吃什么	153
第20章	改善分心的妙方：动动身体、动动脑	159
第21章	分心者用不用吃药，吃什么药	171
第22章	不要让分心的阴暗面伤害你	186
第23章	避免分心引发的家庭战争	196

第24章　　摆脱分心带来的痛苦、杂乱和过度忧虑　　205

第25章　　分心者的性与伴侣　　215

第26章　　作者特别分享的小秘诀　　235

附　录　　关于分心的 27 个基本问题　　247

第一部分

分心是怎么回事

DELIVERED
FROM
DISTRACTION

第 1 章

别人眼中的分心者，
分心者眼中的自己

大部分不分心的人都不了解分心。分心对人造成的负面影响被广泛宣传，已经充满负面形象，人们往往会将它过度病理化。分心其实很复杂，往往呈现出充满矛盾的特质，它会让你在不同的时刻、不同的情况下有不同的表现。

充满矛盾的特质包括：

- 精力和体力充沛（有时候又非常懒散）。
- 脑子转得非常快，且容易分心（有时候又超级专注）。
- 健忘、不擅长做计划及预测事情的后果。
- 行为难以预料且容易冲动。
- 创造力强。
- 与他人相比缺乏自制能力。
- 缺乏组织能力（在某些方面又有非凡的组织技巧）。

- 拖延（有时候又表现出"现在非要不可"的态度）。

- 有时态度强烈，有时态度模糊。

- 记性差（却又能出人意料地记住某些不重要的信息）。

- 有强烈的兴趣（有时候又无法产生兴趣）。

- 拥有独特而古怪的世界观。

- 易怒（但是同时又很心软）。

- 酗酒、抽烟或有其他上瘾行为，比如沉溺于购物、性、食物或网络（有时候又完全不碰）。

- 不必要的担心（但是必要时又不够上心）。

- 特立独行，不肯从众随俗。

- 拒绝别人的帮助（但是又喜欢帮助别人）。

- 过度大方。

- 会重复同样的错误，无法吸取教训。

- 低估完成工作或到达目的地所需的时间。

- 其他多样化的特质。这些特质不一定会随时表现出来，也不会在每个人身上都出现。

没有两个分心者是完全一样的。分心本身的多样性及不一致性，让我们无法清楚地描述分心出现的原因。

虽然我们说不清，但是不难发现分心者和一般人确实不同。正如 18 世纪政治家埃德蒙·伯克（Edmund Burke）所说："虽然夜晚与白天之间没有清楚的界线，但是没有人能说二者是一样的。"

那么，让我试着用我自己的方式描述一下吧。首先，我讨厌注意障碍（Attention Deficit Disorder，ADD）这个名词，我更愿意称之为"注意力过多症"。或许因为我也是 ADD 患者吧，我觉得真正有问题的是那些一直挑剔别人，在旁边盯着每个细节、每个规定、每个程序的人，我觉得这些人才有病。他们小时候会乖乖听话，而别人不听话的时候他们会告状；长大后，他们仍然会告状。

你难道不会像我一样，宁可注意力不足，也不想注意力过多吗？谁想长期注意所有的细节啊？能够一直稳稳地坐在椅子上才应该是某种精神疾病的症状吧？在我看来，不分心的人简直是无聊透了。是谁在推动人类的文明呢？是谁一直有新点子呢？当然是分心的人。

我无法改变现实，因为社会还是鼓励注意力过多症的，但我还是要帮分心正名。

虽然分心自古存在，但直到近些年人们才逐渐开始了解它。有人认为分心根本不存在，因为他们从来没有和分心者接触过。请相信我，以我 60 多年的个人经验和 40 多年的专业经验，我可以说，分心确实存在。分心就像乐观、健谈、勇敢和其他心智状态一样真实，但是我们无法在显微镜下或通过 X 光片看到分心，我们无法精准地测量它。

分心就像你明知车的雨刷坏了却还在雨中开快车一样。挡风玻璃一片模糊，但是你慢不下来。你继续开车，努力想看个清楚。你慢不下来，也停不下来，你认为开得越快越好。这就是你的天性。

分心就像用信号很差的收音机听球赛转播一样，你越是想听清楚，就越听不清楚。偶尔，杂音消失，你可以听得很清楚，可以专心听。这感觉多好呀！但是，杂音又出现了，你发觉自己再次受挫。你很生气，想砸了收音机，若正好此时有人来问你感觉如何，你大概会对他大发脾气。

分心让你充满活力，如同拥有跑车级的大脑，比普通车跑得快很多，只是问题出在刹车系统上。你有了好主意，之后开始行动，可是还没等做完，忽然又有了第二个好主意，你就又去做了。当然，这时第三个主意又冒出来了。很快，大家就说你缺乏组织性、爱冲动、不听话及叛逆……各种难听的话都有。这真是冤枉，因为其实你是想尽力做好每件事。但是总有隐形的力量把你往这边或那边拽，无法坚持在一件事上。

你的大脑似乎要崩溃了。你不断敲手指、抖腿、哼歌、吹口哨、东看西看、搔痒痒、伸懒腰或涂鸦……别人觉得你没有集中注意力或是没有兴趣，而事实上，只有这样你才能够专注。走路、听音乐或是在拥挤嘈杂的房间里，都比在安静的环境里更能让你专心。我最受不了图书馆的阅览室了，别人的静谧天堂对我而言却如同酷刑。

一般人是可以规划时间的，他们可以一次做一件事，但是分心者的时间是叠在一起的，所有的事情都同时发生，这让人很恐慌。你无法选择先做什么，你不知道什么事可以等一等。你一直都处在往前冲的状态中。

分心者的世界里只有两种时间：现在和非现在。如果老板说，3 个月以后有个重要会议，需要做好准备，分心者会认为这不是现在的事。他会把事情忘掉，直到 3 个月后，这件事情近在咫尺了，但是一切已经太迟了。愤怒的老板会抱怨说："如果你能够把事情放在心上该有多好！你是公司里最有才华的人，但如果你不能好好调整状态，不管是在哪里，你都不会取得任何成就的。"

难怪许多没被诊断出来的分心者患有抑郁症、过度担心及焦虑症。因为他们永远不知道自己会忘记什么、说错什么，或是在错误的时间出现在错误的地方。

让我们再来说说参观美术馆吧。（注意到我从一个话题跳到另一个了吗？这就是分心者的特点。）我逛美术馆就好像别人逛跳蚤市场一样。"哦，这个真好看，嗯，那个也很有意思"，但有时候我又能坐在一张画前特别耐心地看很久。分心者并不是没有注意力，如果我们感兴趣，如果我们的神经递质刚好排列整齐，如果它们建立的结构正确，那么我们可以像猎犬一样专注。

我无法排队等待做一些事情，如果不得不等，我会逼迫自己等下去，但是我内心是不喜欢等待的。必须这样做的时候，我往往会做些让自己将来后悔的事情。

在冲动和行动之间，我缺乏缓冲地带。我就像许多分心者一样，缺乏做人的技巧。说话之前，我不会多做考虑。我们分心的人就像电影《大话王》（Liar Liar）里的金·凯瑞（Jim Carrey）一样，有什么说什么，不会说谎。五年级的时候，我注意到数学老师的头发看起来和别人不太一样，于是脱口而出："老师，你戴了假发吗？"结果我被赶出了教室。

从那时起，我学会忍着不说，但还是常常说错话。分心者得花很多力气做这些微不足道的事情，比如保持安静、忍耐。

你可以想象，如果你一直改变话题、踱步、搔痒痒、说错话，那么你的亲密关系可能会出问题。我太太已经习惯我常常走神，她说："如果你处在状态中，你真的很投入。"

我们刚认识的时候，她以为我有神经病，因为我总是忽然在用餐结束后匆匆离开或是在谈话时走神。现在她已经习惯了我的来来去去，我认为能够娶到她真是我的运气。

许多分心者特别喜欢高度刺激的活动。我就喜欢赛马。我对参与这些充满刺激的活动的处理方法就是不经常去或是去的时候少带钱，这样即使输了也无妨。我总是输！很明显，追求高度刺激很容易惹上麻烦。这就是为什么很多罪犯和冒险家都是分心者。A 型人格、双相障碍患者、反社会型人格、有暴力倾向的人以及酗酒的人也常常有分心的问题。

不过，有创造力、直觉强、精力充沛、幽默、工作能力强的人也常常有分心的问题。你可以当外科医生，在手术中获得刺激，或是当辩护律师、演员、飞行员、股票操作员、新闻工作人员、销售人员或赛车手。

人们提到分心的时候，通常不会提到它的好处。大家只注意它带来的负面影响以及如何改变，毕竟，这就是患者寻求诊断及治疗的初衷。但是一旦诊断确定，大脑中一个未曾开发的部分就被激活了，患者明白了自己是怎么回事，也将学会如何处理将要面对的问题。

忽然，车窗外的视野清楚了，收音机接收的信号清晰了，风暴过去了。你可以开始执行多年来放在心里的伟大计划了。这个曾经的问题儿童或问题成人忽然令大家刮目相看，同时他们也对自身的变化感到非常惊讶。

分心者往往对生活有特殊的"感觉"，可以一语中的，找到问题的核心，而不用像别人那样仔细分析、思考才弄得懂。他不清楚自己是如何想到解决办法的，他也不清楚自己是从哪里得到想法的，但他就是知道，就是能感觉到。

别人看不到的地方，分心者能看到，即使看不到，也能感觉得到，因此他们可以莫名其妙地得到答案，这种"第六感"需要受到重视和鼓励。如果分心者的生活环境总是要求他们要有合理的线性思考，那么他们就永远无法把直觉发展成有价值的能力。

那么如何治疗分心呢？治疗就是减少杂音、加强信号。毕竟诊断本身就足以减少自责和自卑的杂音了。另外，建立清单、时间表，保持充足的睡眠、良好的饮食习惯和运动习惯等，都可以提升注意力。短期计划比长期计划有效，因为短期计划可以把工作分成许多小阶段，这对分心者会很有帮助。

改善分心的方法因人而异。比如，请了解分心的人当你的秘书或会计师，建立适合你的文件分类法以及选择好用的电脑程序……这些事需要时间，但可以使混乱变得有秩序，至少可以变得可管理。

对于成人分心者，最重要的两种"改善"方法就是找对伴侣和找对工作。对于未成年分心者，最重要的改善方法就是减少学校和家庭中的讥笑、嘲讽和责骂，还要鼓励他们的伟大梦想。

分心者还有许多其他方法来帮助自己，比如对危险行为设定限制、开车一定要系安全带、注意车速限制、使用记事本、找他人帮忙，以及找个教练随时提醒自己。

药物对分心者来说也有帮助，但是不会解决一切问题。

完整的治疗计划应该包括不同的策略，从长期来看，这样的治疗计划能够帮助各个年龄阶段的患者找到新生活。

我们需要别人的了解和支持，比一般人更需要，因为我们遇到的困难更大、我们的行为更令人受不了。不管我们走到哪里都可能把事情弄得一塌糊涂，但是只要得到适当的帮助，我们就可以发光发亮。

如果你认识像我这样的人，总是惹是生非、做白日梦、忘东忘西，那么他可能就是分心者。不要让他等到相信别人责备他的话后才明白其实错不在己，那就太迟了。

第 2 章

成功快乐的分心人士

如果你想知道分心者如何与他人共处，就要看成功快乐的成人分心者是怎么做到的。

这里我要讲两个故事，看看是哪些特质让成人分心者如此成功快乐。

鲍勃·洛贝尔（Bob Lobel）是电视台体育新闻的主播，他患有 ADD。洛贝尔是波士顿最受欢迎、最有经验的媒体记者。他在这个竞争激烈的行业中已经工作了 20 多年，并取得了不错的业绩。但他不是一个精明好胜、目标明确的人。相反，他无法在一件事上专注很久。他的优势是创造力。他很会即兴报道，他认为临场发挥要比照着读稿机读容易多了。他的即兴报道使他在波士顿很有名气。不但如此，洛贝尔很会交朋友，这使他在纷纷扰扰的职场中能够屹立不倒。他很喜欢帮助别人，但从不会夸耀自己的善行。洛贝尔喜欢让大家开心，为了帮助儿童医院募款，他甚至愿意在电视上戴着红鼻子扮演麋鹿鲁道夫。

这些经历虽然不会反映在成绩单或履历表上，却让他过着成功而快乐的生活。因为这些特质，他总能得到第一手的热门新闻。大家喜欢先打电话找他，而不找别人。

洛贝尔在第一次婚姻中育有两个孩子，再婚后又生育了一个孩子，最小的孩子现在已经 8 岁了。他的太太是一位心理学博士。他们夫妻二人以平常心看待自己在波士顿的明星地位。洛贝尔的工作重点之一就是学着轻松对待自己的工作。"要诀就是每天上班的时候，尽量玩得开心。我很努力，我爱我的工作，我是最幸运的了。"

上学时，洛贝尔总是成绩不佳，从来没有人认为他会飞黄腾达。他进入媒体行业是因为他觉得自己会喜欢这份工作。一开始，他在一个小电台工作，但是他的才华让他迅速上升到行业金字塔的顶端。他说："分心是我最大的财富，若不是因为分心，我不会这么成功。六年级的时候，我总是惹麻烦。我爱即兴发挥，我的想法与众不同。事实上，我根本没办法像常人一样思考。我可以在现场转播开始前 3 秒改变主题，随之说出即兴台词。我就是这样，一切都很自然。这就是为什么我觉得分心是优势而不是疾病。"

一直到工作了很久之后，洛贝尔才知道自己患有 ADD。在没有任何帮助的情况下，他自己已经总结出很多方法处理分心带来的问题。他跟着自己的才华走，不被负面思考击垮。他总是能找到创造性的解决办法。他并不会想方设法改正自己的缺点，而是不断发挥自己的优点。

关于诊断，他说："仅仅是知道我的问题有个名字对我的帮助就很大了，我不用再觉得自己是个怪人、觉得自己不够好，我发现自己与众不同是一件好事。当知道也有其他像我一样的人时，我感觉好多了。在确诊后，我更用心地把自己所有的混乱和能量以有益的方式发泄出来。诊断和治疗对我的帮助很大。"

美国捷蓝航空公司（JetBlue Airways Corporation）的首席执行官戴维·尼尔曼（David Neeleman）也患有 ADD。第一次与他见面时，我早上 9 点就来到他的公司了，而他中午才到。我很了解分心者，并不在意他迟到。我利用这 3 个小时和他的下属谈话。他们都很喜欢在捷蓝工作。这也是分心者的特质之一：容易赢得他人的忠诚。

当戴维到公司的时候，他一直道歉，说他找不到记事本、接电话忘了时间、不记得他应该到哪个办公室、找不到手机……这些都是分心者的典型特征。

我们谈了很久。他已婚，有 9 个孩子。他说他有好几个孩子也患有 ADD。戴维的孩子中有几个在服药，但戴维拒绝服药，因为他担心创造力会因此降低（其实不会），他太太一直希望他试试。

"我的孩子在学校都有学习困难。他们都很聪明、非常有创造力，但仍然会遇到困难。如果你考试总是考不好，你就会觉得自己是个笨蛋。我想保护他们，不让他们遭受我以前受过的伤害。我小时候觉得自己是世界上最笨的人。我的女儿阿什莉考大学的时候，在考试前服了药，考完后她回家哭了，她说以前从来没办法专注那么久。我的另一个读高一的女儿学习成绩还不错，虽然她缺乏组织性，但是她性格风趣，很有艺术和运动方面的才华。"

关于戴维遇到的困难，他说："我无法照着稿子读，我很怕在公众场合朗读，可是我即兴演讲的时候可以让听众听得入神。我从来不写演讲稿。有一次，我到国会做证，准备了一份演讲稿。我紧张得一直流汗，只好跟他们说，如果要我照着稿子读，我会看起来像个呆瓜。他们让我用自己的话说，结果我讲得非常好。"

我认为戴维也有阅读障碍。关于注意力，他说："我从来没办法持续专心。在学校的时候，我以为自己很笨。三年级的时候老师跟我爸妈说，只要我可以请人帮我写信、读信，我就没有问题了。一直到高中都是这样。

"高中时我没有修比较难学的课程，所以成绩还不错。但其实我都是在混日子，我内心认为自己很差劲儿。后来我去巴西的时候，学会了他们的语言，并让很多人改变了信仰。我觉得自己很厉害，我从来没有这么自信过。

"回来以后，我完全变了一个人，但是我还得去上大学。我真是恨死大学了。我太会拖延、痛恨读书，读统计学对我的人生有什么用吗？我总是要拖到最后才熬夜准备期末考试。我不喜欢选修的课程，一有机会就想逃课。我没读完大学就开了旅游公司、出租度假小屋，并做得非常成功。后来我又想到把预订机票的服务和出租度假小屋结合在一起提供给客户。第二年我们的销售额就做到了 600 万美元，并雇了 20 个员工。但后来，与我合作的航空公司破产了，我的钱也都一夜蒸发了。我那时才 22 岁。后来，有人雇我做事，我帮着别人成立了莫里斯航空公司（Morris Air）。9 年后，我们把公司卖了 1.3 亿美元。"

戴维认为他的成功要归功于知道什么重要。他会忽视不重要的，而直接处理最重要的事。戴维认为这个特质与 ADD 有关。

卖了莫里斯航空公司以后，戴维去西南航空公司（Southwest Airlines）帮赫布·凯莱赫（Herb Kelleher）做事，凯莱赫是西南航空公司的联合创始人。他们两个人相处得非常好，但是公司里其他人开始嫉妒戴维惊人的创造力。他刚去西南航空的时候，旅客还不能打电话用信用卡订机票。"我在莫里斯发明了无票旅行，于是我把它引进到西南航空。我还发明了电子机票，至少为公司省下上千万美元。"

"后来有 6 个人竞争总裁的职位，他们都在凯莱赫面前说我的坏话。凯莱赫把我叫到办公室，叫我离职。我非常难过，但是没说什么。他们给我一大笔钱，我全都捐给员工急难救助基金了。我非常生气，觉得被他们出卖了。

"大家都以为是我自己辞职的，凯莱赫跟每个人都这么说，可是我是被赶走的。那是我一生中最难过的时候。离开西南航空之后，我被诊断出患有 ADD 了。我读了《分心不是我的错》，心里想'这就是我'。我终于知道自己在西南航空为什么会失败了。开会时我会想到什么就说什么，比如大家乖乖坐着听凯莱赫说话的时候，我会忽然说：'老天爷，我受不了坐在这里一直讨论怀孕员工的事情。我们应该讨论更重要的事情，我们为什么要处理这些无聊的问题呢？交给别人就好了。'这种话就是会冲出口，我控制不了自己。"

我问："你觉得分心有好处吗？有什么事是你觉得更重要的，而且极度专注在那上面？"

"是的。我认为分心的好处有两个：极度专注和创造力。比如我会想到无票旅游、在飞机上装电视和航线设计图，一开始别人都觉得我疯了，可是最后事实证明这些点子都不错。"

"那你会给其他分心者怎样的建议呢？"

"我会说，跟着你的热情走，了解自己的局限，与能力很强的人为伍。不要跟唯命是从的人共事，要和敢抗命、敢跟你争论的人共事。"

"你觉得分心带给你的不便是什么？你现在还需要与什么做斗争呢？"

"哦，太多了！我的车子脏得一塌糊涂，我床边堆了两个星期的脏衣服，我的脏袜子丢得到处都是，而我太太不肯帮我收拾。"

"有时候，晚上 11 点，我坐在电脑前，一会儿做这个，一会儿做那个，转眼就凌晨 1 点了，却什么工作也没做。我受不了无事可做。躺在床上、给孩子读故事简直就是酷刑。我真希望自己可以不那么辛苦。"

戴维家的院子里有一棵树，斜斜地压到屋子上，需要请人锯掉。他每天早上刮胡子的时候都会通过窗户看到那棵树，每天早上他都告诉自己要打电话给园艺公司，但是到晚上刷牙、他又看到那棵树时才想起来忘记打电话了。他这样子已经两年了。

"我总是忘记付账单。我总是会想明天再做，不，我今天晚上就做，不，明天早上还来得及……最后只好请人帮我做了。

"我常常接到求职信，长长的三大页。我读了几行就想：'好，我等下再读。'结果就忘记了。我就是无法好好读完一封信，这真是叫人发疯。

"还有一件叫人发疯的事，我无法享受成功。捷蓝航空公司上市的那一天，我赚了 1.5 亿美元，可是我没办法高兴，我只是觉得责任更大了。别人可能会去买辆新车庆祝，我却还是开着我的旧车。"

洛贝尔和戴维都具有成人分心者的优点和缺点。他们都成功了，虽然他们都有各自的困扰。

在了解了洛贝尔、戴维和许多成功的分心者的经历后，我整理出 7 个分心者值得养成的习惯。

高效能分心者的 7 个习惯：

1. 做你擅长的事。别花太多时间试图改进你不擅长的方面。

2. 尽量把你不擅长的事交给别人做。

3. 把你的能量用来创造。

4. 维持足够的组织性来达成目标，重点是"足够"。你不需要有很强的组织性，只要够用就好。

5. 请值得信任的人给你意见，并且听他的话，同时尽量忽视那些打击或责备你的人。

6. 一定要和几位好朋友保持联系。

7. 保持积极性。虽然你会有消极的时刻，但在生活中要调动积极性来做决定。

第 **3** 章

测测自己是不是
分心人士

《精神障碍诊断与统计手册》(第 4 版)(DSM-4)^① 对 ADD 的定义是最正式的诊断评估，但它不是针对成人的。专家小组与世界卫生组织合作并制作了一份成人自我评估表(adult self-report scale，ASRS)。这份评估表虽然不是正式的诊断工具，但你可以用它来判断自己是否需要进一步的诊断。

如果你的自我评估结果符合 ADD 的诊断标准，那么就应该接受完整的专业诊断。如果你的自我评估结果为不符合，也并不意味着你一定没有患 ADD，这份评估表的敏感度只有 70%。也就是说，这份评估表只能够检测出 70% 的成人 ADD 患者。

评估表共有 6 个问题，答案请从"从不""很少""有时候""常常""总是"

---

① 本书写作时依据的是美国《精神障碍诊断与统计手册》(第 4 版)(DSM-4)，在这一版中，ADD 为 ADHD(Attention Deficit Hyperactivity Disorder，注意缺陷多动障碍)的一种亚型。而在此书第 5 版中，对 ADHD 不再区分类型，只描述不同的表现形式。——编者注

之中选择。

1. 一旦完成计划中具有挑战性的部分，是否很难继续完成最后的细节工作？
2. 从事需要组织规划的工作时，是否很难井然有序地执行？
3. 是否很难记得约会或应该做的事？
4. 进行需要大量思考的任务时，是否常常逃避并很难开始？
5. 需要久坐的时候，是否常常手脚一直乱动？
6. 是否常常觉得自己过度活跃，必须做点事情，就像受到引擎驱动一样？

对于问题 1、2 和 3，回答"有时候""常常""总是"各得 1 分，回答其他选项不得分。

对于问题 4、5 和 6，回答"常常""总是"各得 1 分，回答其他选项不得分。

总分达 4 分及以上就表示你可能患有 ADD，应该找医生诊断。

自我测评问卷

以下问卷没有统计基础，我列出这些问题只是为了让读者对分心有一些概念。你得到肯定的答案越多，越可能患有 ADD，但是不一定要几分以上才算是，这并不是诊断工具。

如果一个人患有 ADD，就会在问卷中看到自己的身影。

一般性问题：

1. 你是否还没读其他部分就直接翻到这一章？

2. 不管目前自己成就高低，你是否觉得自己此生成就过低？

3. 你是否比一般人大方？

4. 比起一般人，你是否更难专注在同一件事上，尤其当事情并不是很有意思时？

5. 你是否对自己不满却又无法改变？

6. 你会是个优秀的发明家吗？

7. 你能看出别人看不出来的模式吗？

8. 你是否靠直觉解决问题，而不是靠逻辑或方法？

9. "逻辑"和"方法"这样的字眼是否让你有不好的回忆？

10. 你是否很珍惜自己的某些特质，觉得很可惜别人看不到你的可贵之处？

11. 你是否比一般人更不肯放弃、更愿意坚持？

12. 你是否比一般人更重感情？

13. 你是否对气味和碰触特别敏感？

14. 坐着的时候，你是否常常用手指头敲桌子或是抖腿？

15. 你是否喜欢猜字、猜谜语以及做自我评估测验？

16. 你是否喜欢骑自行车（即使现在已经不骑了）？

17. 你是否觉得自己此生取得的成就好像一场意外，镜花水月一般，似乎那都是别人的成就，跟自己无关？

18. 你是否表面上看起来很好，但是内心却希望自己能够找到更好的生活方式？

19. 你说话是否很容易跑题？

20. 如果别人说话忽然跑题，你是否会很恼火，心里希望他们快点说到重点？

21. 你是否比一般人喝更多的咖啡或含有咖啡因的饮料（比如可乐、巧克力饮料和茶）？

22. 你小时候耳朵是否经常发炎？

23. 你是否喜欢危险或冒险的活动？

24. 你是否曾经因为拖延而错过机会？

25. 虽然你可能很安静少语，但你的大脑是否大部分时候都转得很快？

26. 比起年纪和你相仿的成人，你是否比他们更有童心？

27. 你是否常常一件事做得非常好，事后却不知道自己是怎么做到的？

28. 经历重大的事件或取得成功之后，你是否比一般人更容易觉得空虚？

29. 你是否常常能看穿他人的虚伪，并惊讶于许多人竟然看不出？

30. 你是否特别瞧不起伪君子？

31. 你是否特别崇尚诚实？

32. 你是否希望大家都更诚实，而不要虚伪的政治正确？

33. 你的父母或祖父母中，是否至少有一个人酗酒或是患有抑郁症、双相障碍？

34. 你是否常常错过公路出口？

35. 读这些问题的时候，你是否在偷笑？

36. 你是天生的辩论家吗？

37. 你从小学到大学的学习成绩是否不太好？

38. 你是否比一般人更容易犯错？

39. 你是否觉得如果别人了解真正的你，就会否定你？

40. 你在学校时是班上的小丑或捣蛋鬼吗？

41. 你是否因为经常迟到或不守纪律而无法毕业？

42. 你是否常常说出让别人觉得很奇怪的话？

43. 你是否有许多不同的兴趣，常常无法照顾到所有你想追求的兴趣？

44. 别人是否觉得很难让你在应该保持专注的事情上集中注意力，即使你也很想保持专注？

45. 你是否开车很快？

46. 你是否常常感到有一股冲动，想要拥抱正在与你谈话的人，但你跟这个人并不熟，而且他对你也没有性吸引力？

47. 不管成绩好坏，不管你是否出风头，在学校的时候，你是否觉得自己有点格格不入？

48. 你是个梦想家吗？

49. 你是否有独特的、与众不同的幽默感？

50. 你是否能够异于常人地思考，但也很难像普通人一样思考？

51.

52. 你是否觉得自己思考如此之快，你的心智结构根本跟不上？

53. 你小时候是否多动？

54. 开快车是否对你有安抚作用？

55. 你是否比一般人更能原谅别人？

56. 如果有人欺负别人，你是否很快就站在他的对立面？

57. 你是否笑点很低？

58. 虽然你可能不会那么做，但你是否觉得自己比一般人更喜欢打情骂俏？

59. 你是否比同年纪的人稍稍缺乏协调性？

60. 你是否喜欢较快的生活步调？

61. 你是否在希望自己融入社会的同时，又痛恨随波逐流？

关于工作的问题：

62. 别人是否会抱怨，如果你更用心或更努力，可以更专注？

63. 你是否有时候可以非常专注，甚至超级专注？

64. 你是否因为无法想专注就专注而受挫？

65. 你是否因为你的皮包、桌子或办公室乱七八糟而感到不好意思？

66. 你会是一个好的推销员吗？

67. 你会是一个糟糕的会计师吗？

68. 即使是不喜欢做的事，你是否也会在有限的时间内表现最好？

69. 你是否在机场等飞机的 20 分钟里完成的工作比在办公室 6 小时里完成的还多？

70. 你是否觉得奇怪，为什么这么多人不愿意冒险？

71. 你是否喜欢高度刺激的环境，比如新闻编辑室、股票交易所、急诊室、法庭或足球场？

72. 你是否在某些方面非常有能力，但是不知道如何利用这些能力挣钱？

73. 你是否有时候记忆力超级棒，有时候却很健忘？

74. 你是否有成千上万个点子，但是无法实现？

75. 你自己作主的时候，是否表现最好？

76. 虽然你自己作主的时候表现最好，但是否认为如果有个助理提醒你会更好？

77. 你是否在危急时比周遭一切平静时更容易专注？

78. 你以为我不小心忘记了一道题，虽然你注意到了，但是你现在是否已经忘记第 51 题是空白的？

79. 你是否喜欢一次性做完一件事再休息，而不喜欢中间休息？

80. 你是否天生是个创业者？

81. 是否有人说过你很有创造力，或是你很独特？

82. 你是否觉得开会几乎是在浪费时间，而且还很痛苦？

关于家庭生活的问题：

83. 你是否经常晚睡而不是早起？

84. 你是否常常在无意中得罪别人？

85. 你的幽默是否有时被别人认为是羞辱？

86. 你是否离过婚？

87. 是否常常别人还没说完，你就知道他要说什么？

88. 家人是否抱怨你常常插嘴？

89. 你是否比同龄人更有活力？

90. 以前或现在，你是否担心过自己喝太多酒？

91. 以前或现在，你是否抽烟？

92. 你是一个特立独行的人吗？

93. 由于你特立独行，上司或配偶是否曾经要你从众？

94. 在浪漫关系中，你是否常常犯这样的错误：和瞧不起你、批评你、试图控制你的人约会，甚至结婚？

95. 别人是否比你自己更能看到你的优点和价值？

96. 你的配偶是否负责做大部分需要组织或计划的事？

97. 你的配偶或伴侣是否抱怨过他（她）得付出多少努力才能跟你相处？

98. 你的伴侣是否常常跟你说他（她）有多么爱你，可是同时会说如果你再不改变的话，他（她）就要离开你了？

99. 你的性生活的品质是否因为情感冲突而降低？

100. 即使有兴致，你做爱时是否很难保持专注？

101. 你是否觉得自己比同龄人对性更有兴趣、性欲更强、更好奇？

102. 做这个问卷的时候，你是否心里还在想其他事情？

103. 做完问卷之后，接下来想做的事是否不是你应该接着做的事？

104. 当你内心有愤怒与挫折，是否容易在错误的时机表现出来？

105. 你是否发现运动后能比较专注？

106. 你是否觉得把想法转换成语言有困难？

107. 你的配偶是否跟你说过你是个很难沟通的人？

108. 你是否有阅读障碍，或是读得很慢？

109. 你是否原本准备在电脑前工作，结果浪费大量时间上网、收发电子邮件、玩电子游戏？

110. 你是否很爱孩子，但是觉得读故事书或玩游戏很无聊？

111. 你是否觉得只要可以有某种重大突破，你的人生会好很多，但是又不知道是什么？

112. 你心目中的理想派对是那种到达目的地后闲话少说，大家一起喝酒、吃晚餐，然后回家这一类型的吗？

113. 和别人聊天时，你是否有时候会努力微笑，认为给出这样的反应已足够了，因为你已经完全不知道对方在说什么了？

114. 你是否很难说明游戏规则，不是因为你不知道，而是因为你受不了一步一步说清楚？

115. 你是否会重复梦到自己在公开场合十分羞耻地光着身体走来走去？

116. 无论你多努力，是否仍然总是迟到？

117. 你是否祈祷孩子不要有你那样的童年，或像你现在一样？

118. 你是否凡事都很难沉溺其中？如果看到很美的景色，比如日落，即使很喜欢这个景色，几秒钟以后就无法继续享受，需要做点其他的事情？

119. 当你看报纸或用电脑工作的时候，如果有人打断你，即使打断你的是有意思的事，你是否有时候仍会非常恼火，虽然你不一定会表现出来？

120. 如果你已经进展到这里了，你是否自己都觉得很意外，竟然专注了这么久？

121. 你是否很喜欢地下室和阁楼，即使你的地下室和阁楼很乱？

122. 即使不说出口，但你是否认为自己比一般人更常思考人生中的大问题？

123. 对于自己缺乏组织能力这件事，你心里是否觉得很丢脸？

124. 虽然这份问卷的问题跨度很大，但你是否能直觉地感到其中有一致性，即使无法解释到底是什么？

125. 如果你已经读过了这个问卷的每道问题，是否在做问卷的中途曾经跟自己这样说："啊，他怎么知道？这正是我！"

第 **4** 章

对分心的可怕误解

请注意!

可是,如果无法注意呢?如果你的注意力就是想去它要去的地方,而不去你要它去的地方,怎么办?

"如果你肯努力,你就会专心了!"自古以来,老师、家长、伴侣、伙伴、朋友、教练和上司都这样说。大家以为,只要愿意,就能专心。

大错特错!努力无法让你专心,就像患近视的人再怎么努力也不可能看清东西一样。

"想要专心"当然是保持专注的重要条件之一,但不是唯一条件。如果你有心事,不管你多么想要专心,就是很难专心;如果你肚子很饿或是你正在感冒,也很难专心;如果窗外在盖房子,噪声会让你很难专心;如果你刚跟伴侣分手,一心都想着这件事,当然无法专心;如果你觉得沮丧、焦虑,如果你身体某个部位很痛或者你很困，你都无法专心。

几千年来，大家都不明白为什么一个人想专注却不能专注。注意力有时候不受你的控制，也没有人能够一直保持专注。你可以逼着自己专注，可是迟早会崩溃。这有点像憋气，你可以憋很久，但是迟早要吐气。一旦发现自己不再专注了，你还可以提醒自己重新专注。问题是你必须先意识到自己不专注了，才能提醒自己专注。如果大脑已经在想别的事情，它很可能根本没注意到。

一般人都有无法持续专注的问题，分心者尤其严重，他们不是不愿意，而是做不到。

我刚开始执业时，有位患者是诗人。他写的诗很受评论界推崇，但是再好的诗也没有多大的市场，所以他必须找份工作。他喜欢开校车，因为他很喜欢小孩子。

有一天，他照常开校车去学校接孩子，送他们回家。等到孩子们都坐好了，他按照熟悉的路线开车。他一面开，一面想诗，但是他太专心想诗了，竟忘记在车站停车，一路开到了车库去还车，等他熄了火才发现所有的孩子都还在车上！

还好，大家都很喜欢他，因此学校没有开除他。

分心会让人专心做一件事，专心到忘记自己是谁、身处何处。我们不是没有注意力，而是注意力会分散。我们的大脑不是空的，而是充满了乱七八糟的想法。我们的注意力会不听我们的话，它会跑到自己想去的地方。

治疗分心的目标不是不让注意力游走，而是训练大脑，让它更听我们的话。我们并不想让大脑安静下来，最好的创意就是在胡思乱想的时候出现的。创意不会有规律地出现，而是毫无预警地出现。既然冲动是分心的核心特质之一，那就难怪成人分心者比一般人更具创造力了。

所谓的治疗，目标是要控制分心的消极特质，同时留下分心的积极特质。治疗光靠意志力是不够的，要有完整的计划才能大幅改善分心者的生活。

从污名到科学：恶魔、疾病及心智

长久以来，我们的心智就像一个上了锁的金库。我们使用大脑，却不了解它。因为无知，我们用粗糙的名词描述我们如何思考、感觉及行动。我们用三个维度来做"诊断"：用聪明和愚笨来形容大脑的思考能力；用好和坏来形容一个人的行为；用坚强和脆弱来形容一个人处理情绪的能力。

对于较极端的人我们还有其他名词。我们称非常愚笨的人为白痴、低能儿和智障。这些名词以前甚至被当作医学诊断，就像甲状腺功能亢进症和脑垂体功能低下一样。

我们称非常严重的破坏性行为为疯狂、着魔或邪恶。疯狂和邪恶在人们心中的定义向来是重叠的。

我们称严重的情绪失衡为懦弱、无用、废物。我们甚至发明了一个术语：精神崩溃。这个名词完全没有神经科学的意义。我们用这些名词来描述一个忽然无法面对生活压力的人，就好像我们对他非常了解一样。

长久以来，对于症状比较轻微的人，不论他是愚笨、坏或脆弱，我们的治疗方法就是让他努力、继续加油。如果这个劝告没有用，我们就用处罚的方式，看看痛苦或羞辱能不能让他更努力。如果还是没用，我们就会认定这是他自身的问题。

对于症状较严重的患者，我们的处置就更严厉了。如果别人认为你是白痴，你很疯狂、邪恶或懦弱，你会受到虐待，甚至丢掉性命。社会不容忍严重的心智问题，我们不知道如何处理这些问题，因此我们会处罚那些患者。

难怪几千年来，大众对心智的了解仍停留在污名化的阶段。大家不愿意被"诊断"为愚笨、坏或软弱，不只是因为这些标签不正确，更因为"治疗"过程很恐怖。

虽然我们如今的科学知识可以淘汰过时的道德判断了，但是污名化带来的耻辱感仍然存在。这就是为什么在现代医学中，知识和应用之间差距最大的就是精神医疗领域了。

如果你看看 ADD 的基本症状——分心、冲动和躁动不安，你就会明白，从古至今一直都有 ADD 患者。但是直到 20 世纪，我们都还在用道德的眼光看待这些人，并给这些人带来了极大的困扰。

20 世纪，医生逐渐开始用一种全新的角度看待这些症状。从科学的角度，医学诊断可以取代过去的道德批判，但是有些人还是不愿意用这种角度看待问题。不过值得庆幸的是，一些勇敢的医生做到了。

1937 年，查尔斯·布拉德利（Charles Bradley）有了惊人的发现。他建了一家能收容行为失控的男孩的医院。当时，这样的孩子会被送到"改造学校"去，他们在那里每天都会挨打。布拉德利则试图从科学的角度研究这些孩子的行为。

有一天，他决定尝试给这些男孩使用兴奋剂。他从文献中了解到，有些成人服用兴奋剂减肥，结果发现行为和情绪都有所改变。布拉德利觉得这些行为的改变或许对他的病患也会有效。

他让这些男孩子服用苯丙胺（Benzedrine，一种兴奋剂）。兴奋剂并没有刺激这些男孩，反而让他们能够专注，就好像给他们的大脑装了刹车片。兴奋剂刺激脑中的抑制回路，他们终于可以控制自己的行为了。这是一个重大突破，但是很多人对这个发现感到不安。药物竟然可以控制意志力无法控制的行为，这让很多人的世界观受到挑战，就像当初哥白尼发现地球不是太阳系的中心一样。

无论如何，药物的疗效实在是太惊人了，别人也开始效仿布拉德利的做法。这也就是我们现在所知的 ADD 治疗的开始，此后，更多的医学研究也开始了。

研究结果发现这些患者不但有多动行为，注意力也容易分散，于是研究者给这种疾病起了一个名字，也就是"ADD"。

20 世纪 70 年代的研究发现，ADD 不一定会随着童年期的结束而消失。有些孩子长大之后症状会自动消失，而大约 60% 的未成年分心者则不会。

研究也发现，不只是男孩可能患有 ADD，女孩和成年女性也可能有分心的问题。只是女性患者不太具有破坏力，对自我的关注较少，所以较少被诊断出来。ADD 患者的男女比例大约是 3 ∶ 1。

女性分心者通常不太冲动、不多动，但是更难专注、更容易做白日梦。

随着我们对分心的了解加深，越来越多的人得到了治疗，污名也慢慢消失。但是很多人还是认为分心是一种道德缺陷，而不是真实的生理状况。

20 世纪 90 年代的研究全然打破了道德论，确定 ADD 是生理现象。

艾伦·扎姆特钦（Alan Zametkin）在《新英格兰医学杂志》（*The New*

England Journal of Medicine）上发表的正电子发射体层成像（positron emission tomography，PET）研究显示，分心者脑部糖类代谢模式和常人不同。这些研究成果还不足以被当成诊断工具，但是鼓励了其他人的后续研究。

后来人们使用磁共振成像技术发现了更多差异。分心者的脑容量比常人稍少，尤其是额叶、胼胝体、尾状核和小脑蚓部，这些区域都和 ADD 症状有关。

此外，新的遗传学研究显示 ADD 具有家族遗传性。遗传率是比较基因影响和环境影响而得的统计值，这是从双胞胎及领养家庭的研究中计算出来的数据。ADD 的遗传率为 75%，在行为科学领域，这是很高的比例。

正因为 ADD 有生理因素，所以我们无法再将它视为道德缺陷。

如果分心是某种特别的脑部状况，有其生理结构、遗传因素、生化基础，那么，对分心者来说，遵守纪律和努力的意义在哪里呢？当然，纪律和努力永远都有它的价值，但是治疗分心，光靠纪律和努力绝对不够。

"哦，算了吧，如果他肯认真，他就做得到。如果拿把枪抵着他的头，看他做不做得到。"事实上，他真的做不到。即使你拿枪抵着他的头，一旦他不专心就开枪，过一会儿，他连有把枪在头上都会忘了，他就是会不专心。拿枪的人得每隔 10 秒提醒他一次才行。恐惧不足以让他保持专心，但是持续提醒却可以帮他专心。面对分心者时，结构 ① 远比恐惧更有效。

一个患有 ADD 的男孩说："我的想法像蝴蝶一样，很漂亮，可是会飞走。"接受治疗之后，他说："我现在可以用网子把蝴蝶抓住了。"

---

① 这里所说的"结构"是指能弥补分心者能力缺失的任何习惯或工具。比如，分心者的大脑不太会分类，他们需要买很多柜子，把东西分类放好。这些柜子就是"结构"。把文件分类放入书柜的习惯也是"结构"。

第5章

分心者内在的不安分

"不知道为什么，我总是在扯自己后腿。我就是忍不住、停不下来，我总是做些蠢事，比如喝醉酒、乱说话、忘记参加重要的会议……我为什么会做这些蠢事呢？"

这是多年前的一位病人跟我描述的症状，他总是觉得心里有种不安分、痒痒的感觉。这是分心常有的现象，而且他们常常会在最糟糕的时候用最危险的方式"止痒"。

"跟别人讲话讲到一半，我好想把手上那杯水泼到他脸上，我没有恶意，只是好奇他会如何反应。还好我不会真的那么做，但我真的有那样的想法。"

分心让他一辈子都会有这样的内在冲动，这种不安分的感觉可以带来成功、创造力，也可以带来尴尬甚至危险的后果。

另一位患者说："不管生活过得多好，我一直都隐约觉得不满意，好像我做得不对，或是缺了什么东西，不能像别人一样快乐。我实在没理由抱怨，因为我过得很好，可是我不快乐，从来都没快乐过。我丈夫不知道该对我说什么才好，更糟糕的是他有时候觉得是他的错。这不是他的错，是我的错，我有问题。"

她总是有一点不满、有一点不快乐，有时甚至是非常不快乐，但是不知道为什么不快乐，她找不出外在的原因。她的哀伤来自内在神经系统。她患的不是抑郁症，抑郁症会持续很长一段时间，痊愈期也可以维持很长一段时间，但是这个女人的哀伤可以只持续一小时、一天或一星期，然后就会迅速恢复。这不是抑郁症，而是 ADD 的一种症状。

有个人说："日常生活太无聊了，我总是想捣乱。我会开个玩笑，说出很荒唐或是得罪人的话。我知道我不应该这样，我也尽量忍着不说，可是我就是忍不住。"这也是 ADD 的一种症状。

另一个人说："我无法拒绝爱情，我就是爱男人！我爱我的家庭、我的工作，我不想失去他们，但是我也喜欢跟别人亲近，如果是男人的话，我就是无法不动情。我无法想象没有打情骂俏的生活。我看过咨询师，他说我有表演型人格障碍（histrionic personality disorder）。我查了书，觉得自己不像有表演型人格障碍，我不是个可笑的肤浅女人。我想我就是性欲过强，但是我觉得我不应该自责。我觉得自己很健康，可是我知道这很危险。"

她需要高度刺激，需要在生理上感觉活力十足。一旦她用性刺激满足了自己对于高度刺激的需求，她就会认为自己很健康，且精力充沛，否则她会觉得哪里都不对劲儿。

分心者常常不喜欢自己的内在感觉，但他们很难将这种不喜欢说清楚，他们只会说觉得无聊、心不在焉、无精打采以及无法进入状态。

虽然一开始只是小小的不舒服，但几秒钟之内就会变成一种重大的危机。他们觉得必须做些什么来改变自己的感觉。只是一会儿的工夫，他们的行为就会失控。而就在这时候，他们会做出冲动、伤害自己的事情。比如，他们跟别人吵架、打架；他们发脾气；他们没事找麻烦；他们喝掉半瓶伏特加甚至乱买股票。

他们不明白的是（或许世界也不明白），这些躁动都来自生理需要。他们在痛苦之中，必须立刻寻求解脱。他们真正需要的是找出健康的应对方法来改变内在的感觉。

看看下面这些人有哪些共通之处：

- A 型性格，无法放轻松的工作狂。
- T 型性格，喜欢追求刺激。
- 从事极限运动的运动员。
- 有性瘾的人。
- 酗酒的人。
- 强迫性饮食者。
- 脾气特别坏的人。
- 觉得自己有成瘾性格的人。
- 成人分心者。

我觉得他们的共通之处在于，他们都有个搔不到的痒处。当他们试着搔痒，结果却变成过度工作、冒险、酗酒、暴食或性上瘾。搔痒的方式有好也有坏。

传统上，大家用道德的角度看这些问题。这些人受到的是道德审判，而不是诊断。我现在要邀请你用脑科学的角度看这些问题。

这些人会不会都有某种特殊的脑部化学反应呢？是否神经递质、受体、载体的天生异常使他们无法像常人一样得到乐趣呢？他们是否因此需要极端的刺激才能感到活力十足呢？

在 20 多年前，肯尼思·布卢姆（Kenneth Blum）和其他研究者提出了奖赏缺陷综合征（reward deficiency syndrome，RDS）的概念。奖赏缺陷综合征患者不像一般人那样容易感到快乐。这个现象和多巴胺 D_2 样受体（dopamine D_2 receptor）的 A1 等位基因（A1 allele）有关。这些人无法获得多巴胺带来的愉悦感受。

多巴胺是传递快乐的主要化学分子。任何让你分泌多巴胺的事情都会让你觉得很舒服。运动、做爱、任何需要想象力的创作过程都可以刺激多巴胺分泌，喝酒、冒险、吃冰激凌、抽烟也可以。当然，刺激多巴胺分泌的方式也有好有坏。

无论方法好坏，奖赏缺陷综合征患者都会过度刺激多巴胺分泌，因为一般活动根本就无法使他们分泌足够的多巴胺。早上出门前亲一下或送心爱的人出门上班并不够刺激，奖赏缺陷综合征患者必须有更强的刺激。于是他们可能比一般人做更多的运动、做更多的爱或做更多创造性的活动。他们也可能喝很多酒、吃太多冰激凌或冒很大的风险。这都是因为他们必须比一般人做得更多，才能得到同等的乐趣。

但是这个模型过度简化了脑部的"快乐回路"。除了分泌多巴胺之外，大脑还有其他生理过程会产生喜悦、满足、狂喜的感觉。这些过程的产生细节还不清楚，重点是我们需要了解，这些过程对每个人而言都是不同的。

也就是说，对同样的刺激，每个人的反应会不同。有些人比较容易感觉到快乐，而有些人则不会。我们如何在生活中找到乐趣是影响人生健康和成功的重要因素。

如果遗传因子让你容易上瘾，这并不表示你是个坏人，你只是和别人不同而已。这种遗传因子常常在分心者身上出现，因此分心者常常有上瘾的倾向。但是无论哪个领域，许多有创造力的人都有上瘾倾向。上瘾倾向和创造力之间确实有某种关联。

我从小就喜爱文学。青春期的时候，我最崇拜的就是陀思妥耶夫斯基和莎士比亚。我大学读的是英语专业。我一直喜欢写作，我的许多朋友是作家、编辑、出版家、专栏作家或其他文字工作者。我注意到这些人都很有创意、很聪明、有点喜欢嘲讽、比较抑郁。他们通常酒喝得有点多，或是曾经酗酒；他们通常有伟大的梦想，但是这些梦想往往已经破灭了；他们不放弃，仍然非常努力地工作。

他们还有其他共通之处，比如都非常善于观察，会注意到别人注意不到的细节，类似这个人讲话之前会拉扯袜子，那个人批评别人之前会舔舔嘴唇之类的。他们喜欢了解事情的真相；他们喜欢聊八卦；他们痛恨虚伪而且能一眼看穿虚伪；他们热爱诚实，每天都在期待真诚的对话。

身为精神科医生，我开始从遗传学角度看待文学家。我觉得他们可能具有奖赏缺陷综合征基因以及语言能力、观察能力和抑郁的基因。因为奖赏缺陷综合征，他们无法在一般生活中找到乐趣，所以他们只好用其他方法。他们书写，试着用这种困难的方式在一团混乱中创造秩序，甚至美感。这会让大脑分泌多巴胺和内啡肽。其他的文字游戏也会让他们得到乐趣，比如聪明的对话、阅读喜欢的书等。

如果这些乐趣还不够，许多人会借助酒精的力量。诗人奥格登·纳什（Ogden Nash）曾写过："糖果很棒，酒精更棒。"他不知道，糖果和酒精都会刺激脑内多巴胺的分泌。

文学家和其他有创意的人一样，都是梦想家。创意和梦想的基因似乎也常常出现在奖赏缺陷综合征患者身上，而在梦想家和奖赏缺陷综合征患者之中似乎也有很多人患有 ADD。作为 ADD 的核心特质，不安分很可能就是由梦想基因和奖赏缺陷综合征基因引起的。

对于这些人来说，最好的止痒方法就是做某种创造性的活动、游戏和运动。冥想和祈祷也可能有帮助。

如果你想把手上的那杯水泼到别人脸上，不要压抑自己内在的感觉，虽然你不会真的泼水，你却可以跟着这个感觉走，你可以用一种不冒犯的方式跟对方说，自己想把水泼到他脸上，看他的反应如何。找一些可行的替代方案。

每次心痒的时候，就做一些需要创造力的事情。你可以从承认自己很无聊开始，和别人好好聊一聊，这可能会成为一次很有意思的对话。

保持人际联结、找到创意的出口，是止痒的最佳对策。

第二部分

从故事中认识分心

DELIVERED
FROM
DISTRACTION

第 6 章

班尼家：了解分心
至关重要

　　了解分心者的最佳方法就是观察他们的生活，生活是最好的老师。接下来的三章讲述的是三个人的故事，主人公的背景、年纪和性别都不同。虽然我没有用他们的真实名字，但故事的情节是真实的。这些故事的主人公都是没有得到及时的诊断而辛苦挣扎的人。如果你想了解其他患者的故事，可以参考《分心不是我的错》一书。

　　第一个故事是关于班尼家的。从 2001 年起，班尼家的每个成员都陆续来到我的诊所。班尼家的爸爸保罗是环境设计师，也是他们所在镇上一所学校的董事。妈妈娜恩在家长会里很活跃，是设计顾问。我其实不太清楚娜恩具体做什么，但我知道她是个聪明又幸福的妈妈。保罗和娜恩的婚姻很幸福，住在波士顿郊区，孩子们都读公立学校。

　　两个孩子，索菲和卢卡斯，当时分别 15 岁和 11 岁，学习成绩都很好，没有行为问题，不多动。卢卡斯小时候可以一个人玩火车玩好几小时。他们都很早就学会了阅读，读一年级时，他们都已经有三年级的阅读能力了。

娜恩很骄傲地说："索菲很外向，很会交朋友，很受欢迎。她和大人小孩都处得来。她活泼、爱跳舞，各种课余活动也非常多。在她六年级时，她的老师偷偷跟我说，她将来可能会进哈佛。"

但是，接下来的一年，事情变糟了。索菲开始抱怨自己的数学和科学成绩不好。"初一时她的成绩开始下滑。"娜恩说，"她开始和一些不爱读书的孩子鬼混，对运动之类的课余活动也不像以前一样热衷了。她有时候还会惹麻烦，有一次她甚至和一个女孩子在校门口打架，我只好找老师谈谈。老师给了她一些压力，她的表现好了一些。"

但是很快，索菲升入了高中。

第一学期结束时，索菲的成绩退步了。当家人问她是什么导致她的学习成绩退步时，索菲说："少管我！这样的成绩已经很好了。如果我的朋友能有这样的成绩，他们的爸妈会很高兴！"

娜恩去见了学校的辅导老师。"我才发现索菲常常不交作业。每个老师都说她是个好孩子、聪明的孩子，可是她还能表现得更好，她没有发挥潜力。他们跟我说，索菲的成绩时好时坏。"成绩时好时坏是分心孩子的特征之一，但是他们当时并不知道自己的孩子有分心的问题。"老师说她可能只是不适应新学校的环境，如果她肯交作业，就没问题了。但是当我们回家告诉索菲一定要做作业时，她还是不做，而且还开始顶嘴、反抗，我们遇到了很大的困难。"

索菲和父母有很多争执。"我们会检查她的作业，她痛恨这一行为。我们也唠叨她用电脑的时间过多。她经常一打电话就是很长时间，或是跟朋友在网上聊天，显然她在功课上花的时间很少。我们给她规定做作业的时间，但是不管我们做什么，都会变成争吵。当期中考试的成绩单寄到家时，我们发现索菲的成绩一点也没进步。"

索菲的父母跟老师开了一次会，老师提议让索菲也来参加。一开始，索菲只是坐在那里，老师说："索菲，你是个社交达人。上课的时候，你总是最后一个进教室，因为你在走廊和同学说话。但是你也可以当学霸呀！你是个聪明的孩子，到底是怎么了？你应该做作业，你可能不这么觉得，可是这学期的课程真的很重要。索菲，你为什么不做作业呢？"

"她的脸上没有了那副叛逆的表情，而是很诚恳地说：'我不知道为什么，我真的不知道。我没办法跟你说原因。'"

这是真的，分心者不知道为什么自己努力了，有时候结果很糟，有时候结果又很好。别人不懂，他们自己也不懂。

保罗和娜恩以为索菲的问题出在伙伴身上。他们不知道该怎么办，只能威胁索菲说要把她转进私立学校，结果遭到了激烈反对。索菲说："我的朋友是我生命中最重要的，他们了解我，你们不了解我。你们不能逼我转学，我不要。如果非要那样，我会故意考砸入学考试；如果你们逼我，我一定会想办法让新学校开除我。"

保罗和娜恩为此咨询了心理治疗师安妮。安妮问他们是否想过索菲可能患有 ADD，他们感到非常诧异。索菲小时候完全没有 ADD 的任何症状。安妮说："我知道，可是我曾见过一些医学院或法学院的学生，他们以前从来没有出现过任何问题，而当面对前所未有的巨大挑战时，他们忽然开始觉得非常困难。他们自己都不明白这是为什么。"

在此之前，娜恩以为只有小男孩才会分心。她说："安妮说分心有不同种类，女孩子也可能有。但是女孩没有那么活跃，比较难诊断。并且在青春期之后，诊断分心也很困难，因为大家不会想到在这个阶段才第一次看到 ADD 的症状。即便我十分尊重安妮的诊断，也十分重视这个结果，但我真的不知道该怎么办。"

之后又发生了一件事：索菲尖叫着跟爸妈吵架，而且一吵就是几小时。索菲威胁家人要离家出走，连行李都打包好了。

娜恩说："之后的三四个星期，她学会了一直跟着我，一旦我说了什么让她不满的话，她就在我身后对我吼叫'你不了解我，你不知道我的人生是怎么回事'。她还会一直批评我，说我常常吼她，我总是太忙了。

"如果她不喜欢我说的话，比如'你这个周末不准出去，因为你没做作业'，她就会崩溃，并一直抱怨我。一次她把我逼进卧室角落，对着我吼。我只好打电话叫她爸爸回家，但是她把座机给抢走了。我说，'好，我用手机叫你爸爸回来，我现在没办法管你了。'但是我总得走出房间去拿手机，而她挡住我的路了。我当时非常不想碰她，却不得不把她拽出去。后来保罗回来把她带出门了。"

这时娜恩给治疗师打了电话。安妮建议他们带索菲去精神病院。对于家长而言，这是一生中最惊惶的时刻了，似乎天地都为之变色。但是，危机往往正是转机的开始。

娜恩说："那时候非常困难，安妮和我讨论了接下来该怎么做。我打电话叫保罗回来接我。我跟他说，我们要带索菲去儿童医院。他过来接我，我坐进后座，索菲问，'我们要去哪里？'我说，'索菲，我们要带你去儿童医院做心理评估。'我以为她会跳车跑掉，结果她什么也没说。"

到了医院，他们才发现医院里没有精神科医生。他们回到家已经是半夜了，索菲沉着一张脸。"我们花了好几天才找到合适的医院。医院的治疗团队包括一位精神科医生、一位社工和一位住院医生，他们和索菲谈了话。我问他们索菲是不是患有 ADD。他们说，'索菲没有分心问题。这只是青春期的过渡现象。你们需要适应，她也需要适应。你们正在经历一段困难的时期而已。我们的建议是做家庭治疗。'"

在 20 世纪七八十年代，家庭治疗是精神医学界的标准做法。而之前的标准做法是精神分析，重心放在患者本身，而不是整个家庭。以家庭为单位的治疗在当时还是很新的概念。但是就像其他任何好的治疗系统一样，家庭治疗也可能被过度使用。虽然家庭治疗很有效，但不是索菲当时需要的。她需要的是诊断、教育和药物治疗。

班尼夫妇找了一位家庭治疗师，可是索菲只去了两三次就不肯去了。暑假里一切平安，大家都以为第二年不会有问题了，期待她的成绩能有所进步。

"结果她的期中成绩只有六七十分，数学还不及格。她还在成绩单上冒充她爸爸的签名。我们很伤心绝望。"

"开学几个星期后，索菲有一天回家跟我说，'妈，我觉得我患有 ADD。'"

青少年经常在成人发现之前就自我诊断出 ADD。这一点一直让我很惊讶。我想这是因为青少年不像他们的父母那样与太多专家交谈，于是也不会被打消相关念头。

娜恩问索菲为什么会这么想。索菲告诉妈妈："我坐在教室里就总想出去。

我会一直看钟、看窗外，就是坐不住。"娜恩决定带索菲去做评估。"我不觉得她患有 ADD，但是我想再做个评估也好，看看能不能搞清楚到底是怎么回事。总之，我很高兴索菲主动寻求帮助。"

我给家长的建议是：在你找到一个你觉得合理的解释之前，不要放弃。医生说的不一定都对。如果你觉得不对，就另外找个人评估。医学知识这么浩瀚，医生不见得什么都知道。一个称职的医生会向你坦白自己的局限，并且欢迎不同的判断。

最后娜恩来了我的诊所。来之前，她已经读了《分心不是我的错》这本书。"我哭了，因为我在书里看到了保罗，看到了索菲，也看到了卢卡斯。我跟自己说'天啊'。我把书放在保罗床边，对他说，'你得读读这个。'"

在索菲确诊患有 ADD 后，班尼夫妇还是不愿意采取下一步措施：让索菲服药。当然，所有家长都是这样。除非万不得已，谁会希望自己的孩子服药呢？

帮索菲看病的切鲁利医生是一位神经精神科医生，他是这样说的："服药就像是给患近视的孩子配一副眼镜。药物可以让孩子的大脑能够受自己控制，会对孩子有所帮助的。"

所有医生都会担心副作用，但是如果处方合适，副作用可以被减到最低。大家没有想到的是，不服药的不良影响是什么呢？大部分反对用药的人都害怕药物会对大脑有不良影响，但是研究显示，一再失败和受挫对大脑才真的会有不良影响。

长期失败就如同大量有毒的压力，绝对会伤害心智。这些压力会使智商下降，引起抑郁症。我觉得这些才是严重的副作用。

娜恩说："从根本上说，让孩子服药真的是很困难的决定。我们家没有人长期服药，我丈夫是个酒鬼，因为怕他喝酒，所以我家甚至没有酒。一想到我的孩子服用药品就让我不安，而不了解药物的化学机制和功能让我更加不安。

"真正让我信服的是，切鲁利医生在看了索菲老师的评语后说，'毫无疑问，索菲绝对患有 ADD。'我心想，'如果索菲愿意尝试的话……这孩子平常根本不愿意有人管她，如果她愿意服药，那么我应该让她试试，看看会怎么样吧。'结果出乎意料，才服药一天她就觉得自己的情况得到了改善。"

当药物用对了的时候，效果会很快出现，往往令人惊奇不已。索菲回家说："妈，你不会相信的。英语老师要求我们读一整章课文，还要求写心得。而我读了三章，还比别人先写完心得！"

娜恩和保罗终于明白，索菲在班上不专心听讲是因为她无法专心。而索菲不写作业是因为她没能好好听课。突然间，他们终于了解了孩子的行为。这跟动机完全无关，完全是大脑的问题。他们决定暂时不给她压力，让她自己重新建立良好的学习习惯以及自信。"过去家里给她的压力非常大，她不愿意回家，自信心严重受损。有时候保罗会和我说，'我们不能这样下去，这简直是疯了。'"

班尼家最小的孩子也在受苦。"卢卡斯看着我们吵架，他的压力也很大。有时候他甚至躲到餐桌底下去，就像急于给自己找个掩护。"

索菲对弟弟很不好。"我们对她很严格，不准她这样对待弟弟，但是她一有机会就欺负弟弟。自从开始服药之后，她好多了，她还在重新建立自信，重新思考自己的学业和运动之类的课余活动，思考自己要读什么。"索菲的进步非常大。和许多 ADD 患者一样，索菲的外语学得不是很顺利，但总的来说，她从一个非常受挫的学生变成了好学生，最大限度地发挥了创造力，找到了良好的学习方法，并且开始建立已经失去的自信心。"老师们现在都觉得她非常棒。历史老师拿了她的一篇报告去参加比赛，结果还真得奖了！

"一切都在重建之中，我们还在找合适的私立学校。她有一些看中的学校，可还是不想转学。她很喜欢她的朋友。有一次她说，'你们好像很想把我送走。'我听了非常伤心。既然她在进步之中，如果她能养成良好的学习习惯，那么似乎留在原来的学校也没关系。我们还在努力。她还是不喜欢我们管她，我们偶尔也还是会起争执，但是情况比以前好多了。真的是好多了。"

> ADD 治疗的结果往往如此。药物能把你往正确的方向用力推一把，这个效果会持续，可是你很快就会发现，光靠药物是不够的。学习和了解分心，也就是我说的治疗中的"教育"部分，是非常重要且非常具有疗效的一环。教育让相关的每个人都学着从医学的角度看待分心，而不是从道德批判的角度。接下来，学习策略和结构的艰苦工作才刚开始。这需要一生的不懈努力，永远不能停。我自己都还在努力之中，这也是分心最让人疲倦的部分。
>
> 此外，你会发现，分心的问题并不单纯，分心往往伴随着其他问题，比如抑郁症、焦虑症、强迫症、上瘾、学习障碍、行为问题和双相障碍等。

索菲的个例就包含了抑郁症及双相障碍的症状。她曾经一度对活动失去兴趣、成绩退步、交坏朋友……这都是抑郁症的迹象。

而她极度易怒、大声争吵、睡眠困难，这都极可能指向双相障碍中躁动的一面。如果一个人的主要症状是易怒，同时又具有下列症状之中的 4 种，就可能患有双相障碍（第 12 章会详细讨论）。

- 容易分心（不只是分心者有这个症状，其他疾病患者也可能有此症状）。
- 高度活跃或容易激动。
- 夸张（过分觉得自己很重要）。
- 思维跳跃（思维从一个主题跳到另一个无关的主题）。
- 参与一些会有不良后果的活动，比如滥交和冒险行为。
- 睡眠需求减少。
- 话太多。

索菲的症状不明显，因此在一开始的时候只被诊断为 ADD。但是她的情绪比一般青少年更起伏不定，于是医生也开了抗抑郁药给她。娜恩说："我们的生活真的得到了很大改善。"

通常来说，家里一个人是分心者就意味着其他人也可能是。班尼家也不例外，卢卡斯也有分心问题。卢卡斯很聪明，有些内向，小时候会花大量时间一个人玩积木和火车。

一年级时，老师说卢卡斯做不完作业，跟不上学习的进度。娜恩很苦恼，也很吃惊，不明白为什么一个小孩可以花几个小时搭积木，却完成不了作业。

二、三年级时，卢卡斯成绩还好。他能完成作业，但总是没什么朋友，在校车上常常被同学欺负。

"三年级的时候，他问我可不可以换校车或换学校。"

后来卢卡斯转到另一所学校，情况好转了一些，但是老师说卢卡斯有些缺乏自我控制的能力，比如一直敲铅笔，动来动去或自言自语。同学们很包容他，但是都不太喜欢他。因为他有时候会吹嘘自己多么聪明，无法和其他孩子良好地沟通。

五年级的时候，卢卡斯的老师注意到，他比其他孩子需要更多的活动空间。老师让他坐在教室最后一排，以便有更多伸展空间。老师跟娜恩说："他是个好孩子。我知道他需要更多肢体空间，他总是动来动去，所以我就拿一个可以捏的玩具让他拿在手上玩。我看到他不专心的时候，就拍拍他的肩膀，他的注意力就回来了。"

像卢卡斯的老师这样，既不认为分心只是孩子不听话的借口，又能充分地包容分心，是非常重要的。得到老师的支持，是治疗分心的一个关键。如果孩子不能得到老师的支持，就一定要用各种方法换个老师，就像成人分心者必须有合适的伴侣和合适的工作一样，未成年分心者也必须有合适的家长和老师，才能有一个快乐的童年，并获得成功。

然而过了几个月，老师找班尼夫妇谈话。"我永远忘不了老师脸上的表情，她看起来非常担心。她说，'我眼看着卢卡斯退步了。他无法专心，也不在意作业是什么。虽然教室里有教学助理，为孩子们提供足够的帮助，但卢卡斯还是跟不上。'"

娜恩知道这是怎么回事。

"了解 ADD 之后，我觉得卢卡斯花那么多时间玩火车其实正是因为未成年分心者有时可以超级专注。他缺乏社交技巧也可能是因为分心。我想让他接受评估，免得他重蹈索菲的覆辙。"

评估结果是，卢卡斯患有注意缺陷多动障碍。他也去看了切鲁利医生。开始服药后，老师立刻注意到他的重大改变。

卢卡斯自己也注意到了。切鲁利医生给他的处方比索菲弱些，因为他说晚上不容易睡着（兴奋剂可能让人不容易入睡，只要减少剂量就可以避免这个问题）。但是老师注意到，到了下午一两点，卢卡斯就忽然无法专注了。医生把处方改为 15 毫克的长效缓释剂。后来卢卡斯自己觉得不够，就又提高到 20 毫克。

> 找到患者合适的剂量可能需要一点时间，必须逐步尝试。我们目前还无法事先知道什么药物会对什么人有效，以及多少剂量才合适。对于患者来说，你得找一个了解并愿意调整剂量的医生。我们的目标是在避免副作用的前提下，尽量减少分心的负面症状。这会花一些时间，但是药物对 80% 的患者有效。

> 当然，这也表示有 20% 的患者无法从药物中获益，我就是其中之一。药物对我没有效果，所以我不服药。

卢卡斯的老师认为他取得了很大的进步。他可以完成作业了，他可以一整天都跟上学习进度，和同学也处得来了。

"在治疗之前，他一有学习上的问题，就会马上去找老师，并一直烦她，像是着了魔似的。他非常没耐性，时常意识不到自己离别人太近了，总是撞到别人，还会在走廊上乱跑。治疗后，他的很多行为问题都有所改善了。

"其实我第一次觉得卢卡斯可能有问题是在他五年级时，但是不知道问题出在哪里。那时我们去学校参加活动，每个孩子都画了自画像，写了一首关于自己的小诗。但是卢卡斯的作品和别人的都不一样。他的诗是这样的——

> 我的头发像是一根一根的能量线，
> 我的手是力量和速度兼具的机器。

> 我的心充满愤怒，
>
> 和最远的太空一样黑暗。
>
> 我活在电玩世界里，
>
> 吃着游戏机。

"我觉得非常悲伤，我实在不理解这个孩子为什么这么愤怒。我心里想，'天啊，我们为了索菲，让家里争执不断，这个孩子也跟着受苦了。'我觉得该帮他找个心理咨询师，好好整理这些心事。可是当我了解 ADD 之后，我心想，'天啊，这个孩子的大脑就是这样。'这就是为什么大家都叫他坐好并控制自己时，他会很愤怒，因为他做不到。在我意识到他患有 ADHD 之后，才真正读懂了他这首小诗。"

班尼家还有一个人需要讨论，那就是保罗。保罗来自一个破碎的家庭，他有两个弟弟，父母离婚后又分别再婚，然后又离婚数次。

保罗几年前发现自己酗酒，和娜恩的婚姻也出现问题。那时候他们正在安妮那里做心理治疗。安妮建议他参加嗜酒者互诚协会。

读完《分心不是我的错》之后，娜恩明白为什么保罗也总是动来动去，一直敲铅笔或是做其他神经质动作。"我心想，没错，他酗酒，他多动——这就说得通了。"整个家庭的成员都患有 ADD 的情况并不少见。ADD 确实有遗传性，可能在同一个家族中屡见不鲜。

保罗也去看了切鲁利医生。医生觉得他患有轻微的 ADD 和轻度抑郁症。保罗开始服用药物。娜恩说："他开始了解并且思考自己为什么会有这些行为了，药物对他很有帮助。"

不仅作为妻子，作为母亲，娜恩也一直在调整自己。"我学会了用不同的方法。我现在知道孩子们的问题是什么，我可以当个更称职的母亲了。想到以前走的弯路，我有很强的罪恶感，但是自责于事无补。接下来，保罗和我会努力成为更好的家长。至于药物，当然任何负责的家长都不愿意让孩子服用药物。姥姥、姥爷知道索菲开始服药的时候简直是吓坏了，我们必须跟他们解释为什么让孩子服药。"

现在，娜恩正在思考未来要怎么办。最近卢卡斯的儿科医生跟娜恩说，最终还是要想办法让卢卡斯停药。娜恩一再告诉自己："是啊，可是我不认为这个孩子离了药物能够专注。无法专注不是他的错，这不是缺点，这就是他。也许将来他可以找到一份适合他的工作，但是现在，他在学校的环境里就是需要服药。"

班尼家走过了很长的一段路，而且一时还看不到终点。保罗刚刚给了他妈妈一本《分心不是我的错》。娜恩开玩笑说："我开始想，周围还有谁是分心者？"

第 **7** 章

乔伊：与分心相伴的
其他问题

这个故事和其他故事不同，因为我从来没有治疗过乔伊。乔伊、乔伊的姐姐以及他父母都是我的朋友。

乔伊的问题很复杂，仅仅靠一种诊断并不足以概括他的全部症状。这种类型的孩子（或成人）需要看不同的医生，因为每位医生擅长的领域可能各有不同。最后，孩子的父母（或成年患者）必须自己想办法，因为没有人会告诉你都有哪些不同的治疗方法以及对你有帮助的专家在哪儿。

乔伊的妈妈汉娜是心理学博士，她说："在抚养乔伊的过程中，我学到的知识足够拿下第二个博士学位了。"乔伊的爸爸彼得也是心理学博士。多年来，他们花了上千小时研究儿童的学习和情绪问题，然后评估这些治疗方法，再决定采取何种治疗方法。

为了减少这种耗时费力的搜寻，哥伦比亚大学的彼得·詹森（Peter

Jenson）教授创立了儿童心理健康促进中心（Center for Advancement of Children's Mental Health，CACMH）。在儿童心理健康促进中心的帮助下，成千上万未成年分心者的家长不用再像乔伊的父母那样自己摸索，一遍遍重复前人的劳动了。

詹森教授也写了《注意缺陷多动障碍儿童家长手册》（*Making the System Work for Your Child with ADHD*）一书。乔伊的父母这两个心理学博士都认为给乔伊找到合适的治疗资源困难重重，其他家长当然更会觉得受挫、疲惫和困惑了。如果你正是这样一位家长，我建议你跟儿童心理健康促进中心或其他相关机构接触。得到恰当的帮助是实现最佳治疗的第一步。最简单的方法是你可以打电话给最近的医学院找儿童精神科的医生。

乔伊刚出生就被汉娜和彼得领养了。乔伊是个可爱的宝宝，非常受宠爱，但是他自小就有问题。两岁半的时候，他就咬过其他小朋友，于是汉娜带他去咨询了职业治疗师。

乔伊被诊断为感觉统合失调（sensory integration disorder）。分心者常常也有这种病症。关于感觉统合失调，卡罗尔·斯托克·克朗诺威兹（Carol Stock Kranowitz）写了一本很好的书《帮孩子找到缺失的"感觉拼图"》（*The Out-of-Sync Child*）。患有感觉障碍的孩子可能很笨拙、思维跳跃性大、过度反应或对感觉刺激过度敏感，同时又通过过度活动追求感官刺激，比如多动、摇晃身体、踢人或咬人。

职业治疗师建议汉娜每天用柔软的刷子刷乔伊的皮肤 15 ～ 20 分钟。这并不痛，但是可以刺激乔伊的大脑，帮助他协调感觉信息。慢慢地，孩子不再需要额外的感觉刺激，同时可以享受正常的感觉刺激而不至于过度反应。治疗很有效，乔伊不再咬人了。

为了帮助乔伊协调自己的动作以及在社交场合注意别人的感受，职业治疗师建议他参加健脑操班。在这里乔伊可以做一系列根据教育运动机能学（educational kinesiology）理论设计的体操。这听起来可能很牵强，但这套操确实对很多孩子都有效。

乔伊也有严重的语言问题。汉娜带他去看了语言病理学家，接受了语言治疗，效果很好。

乔伊 5 岁的时候，汉娜带他去咨询听力专家，只是为了确定他没有听力问题或是听觉处理障碍（auditory processing disorder，APD）。患有听觉处理障碍的孩子能够听到，也能够理解别人说的话，但是无法处理，无法实践。比如，他可以理解指令，但是不会照做，不是因为他想反抗，而是因为他无法把自己理解的信息转化为合适的行动。

听力专家发现乔伊听力正常，也没有听觉处理障碍的问题。汉娜心里的一块石头落地了。

乔伊读二年级时已经取得了很大的进步，但是在许多方面还是明显落后于其他孩子。他最大的问题就是阅读。别的孩子都会阅读了，而乔伊连 26 个英语字母还记不住、念不顺。

这时他们开始了奥顿·吉林厄姆（Orton Gillingham）家教法，这是治疗阅读障碍最为有效的方法之一。在专家对乔伊进行检查之后，家教法就开始了。家教老师每天对乔伊进行 1 小时训练，每周 5 天。这是一种强化辅导，让孩子充分运用视觉、听觉、触觉来学习字音、字母和单词。

在强化训练下，乔伊学会阅读了，但他对数字的理解还是有困难，于是家教老师开始在学习中强调数字。家教辅导是对乔伊的教育中必不可少的部分。

汉娜明白，虽然公立教育系统提供了许多帮助，但还是不够。他们把存款拿出来，减少每个月缴纳的退休金，并把乔伊送进私立的蒙台梭利学校。加上家教支出，汉娜家每年在乔伊教育上的开销大约是 2.5 万美元。为了赚更多钱，彼得工作得很辛苦，还经常出差，而教育乔伊的责任就落到汉娜一个人身上了。

随着时间的流逝，乔伊需要家教老师辅导的时间越来越短，但是从二年级开始，他在组织性和注意力上的问题越来越明显。汉娜又带他去咨询了另一位专家，专家给乔伊做了评估，并诊断他患了 ADD。乔伊开始服用药物，一开始服用的是利他林，但是这个药物对乔伊不仅无效，还有副作用。医生将处方改为苯丙胺缓释制剂，这种药物有了一点帮助，而且没有副作用。有时候，一种药没用，并不表示其他药也会没用。

乔伊是个很有创造力而且敏感的孩子，随着年龄的增长，他开始想象生活中的各种危险。三年级时，他非常焦虑，还会陷入抑郁。于是汉娜的新问题来了。当时医生建议乔伊服用兰释（Luvox）[①]，一种对儿童有效的选择性血清素再吸收抑制剂（selective serotonin reuptake inhibitor，SSRI）。这种药对乔伊很有效，有效缓解了他的焦虑和抑郁。

然而，到了四年级，乔伊的焦虑和感觉敏感结合在一起，产生了新问题，他无法忍受噪声。如果在嘈杂的地方，他会突然哭出来或是瑟缩不前。这时连职业治疗师和儿童精神科医生也都没办法。

我们可以想象，许多家长或老师会如何反应。他们可能会说："什么？你受不了噪声？少胡闹了，你自己看着办吧。"

[①] 通用名为马来酸氟伏沙明片。——编者注

但是乔伊很幸运，他有汉娜。汉娜又开始四处咨询，并做各种研究。她再次找到了一种可能有效的治疗方法，即阿尔弗雷德·托马提斯（Alfred Tomatis）博士发明的托马提斯法（Tomatis method）。

汉娜说："他们说乔伊的听觉受到过度刺激。在有点吵的教室里，或是在学校活动、艺术课或音乐课上，他会因接收太多刺激而失去理智。他会不知所措，很不高兴。他会哭或是僵硬地站在那里。"

他们用电子耳为乔伊进行了初始的量化听力测试，也就是用特殊的耳机放特殊的录音，测试包括听力前测、面谈、临床测验及听力后测等。

在治疗的第一阶段，乔伊通过两个频道听古典音乐，这些音乐都设定在为他量身打造的频率上，会有节奏地刺激他的听力系统。在治疗的第二阶段，乔伊的耳机附了麦克风。一开始他要对着麦克风哼出声音，最后要一边听音乐，一边阅读并发表感想。他会听到自己的声音，也会听到音乐。第二阶段的每一段内容都是根据他的听力前测结果而设计的。

这些音乐可以安抚乔伊。汉娜也听过这些音乐，觉得很奇怪，但乔伊不觉得。整个治疗要花很长时间，在每个阶段，每天乔伊都花一个半到两小时听这些音乐，每个阶段长达几个月。听的时候，他可以读书或发呆，但是不能看电视或做其他的事情。

经过治疗，乔伊对噪声的耐受度明显增强了。他可以待在嘈杂的环境里，甚至可以参与其中，也更专心了。同时，乔伊也更善于表达自己的感觉了，而不会一不舒服就只能僵硬地站着。老师注意到他的表达能力有进步了，注意力更集中，专注的时间更长，可以忍受大家的讨论，甚至参与讨论了。这样的进步是巨大的。

"乔伊在家时，我们也可以带他去人多的地方，他也不会胆怯。他的语言表达更清晰，也能够专心做作业。他自己也感觉到了这种改变。他在教室里觉得自在了许多，也能够参加一些活动了，比如戏剧课和音乐课。他的情绪比较平稳，分心的时候能把注意力抓回来，简直像变了一个人。他认为自己更坚强了，能够处理日常生活。他的创意、聪明、幽默感和同理心都冒出来了。"

正如我一直强调的，**治疗不只是消除负面影响，同时也要把优势挖掘出来。**

虽然很费力，但是托马提斯法确实对乔伊有帮助，这是其他治疗方法不能比的。但是很快，又出现了新问题。乔伊小学毕业后，找不到适合他的公立中学，但是他也不适合波士顿附近的特殊教育学校。

汉娜又开始了新一轮的寻找。但是乔伊的问题并没有标准的解决方案。基于对这个特殊孩子无尽的爱，汉娜终于找到了一所适合乔伊的学校。

这所学校专收 11 ～ 19 岁、富有潜能但是具有不同学习情况的学生，适合智力中上、具有创造力、有注意力问题的学生。这些学生的兴趣、才华和能力尚未被开发出来，他们的内在潜能和外在表现之间有一定差距。这正是乔伊需要的学校。这所学校的校长简·杰库克（Jane Jakuc）不但擅长发现学生的潜在才华，也善于发现具备与她一致能力的老师的才华。

乔伊在这所学校过得很愉快。这所学校让学生感到被尊重。学生们知道了他们或许与众不同，但都很优秀，有自己的价值和美丽之处。

乔伊一进这所学校就感到很自在。他在学校排演的莎士比亚戏剧《暴风雨》中担任了一个角色。虽然他持续服药并接受家教，但还是有协调和注意力问题。在我告诉汉娜我儿子在进行小脑刺激训练并有所成效之后，她也让乔伊开始接受训练。现在学校里有一群学生都在做小脑刺激训练。

乔伊服用的药物也经过了调整。现在他在试用一种去甲肾上腺素再回收抑制剂，这种药对成人及儿童分心者都有效。

目前的心理类药物还需要不断试错才能找到合适的处方。我们不知道何种药物对哪个患者有效，所以需要一再尝试。

从乔伊两岁半开始，汉娜就不断地为他寻找有效的治疗方法。除了标准治疗使用的家教和药物方法之外，她还寻找合适的学校。这些都有帮助，但是也都不够。汉娜找到的各种治疗方法对乔伊的帮助都很大，但是对乔伊帮助最大的是她的坚持和付出。

遗憾的是，并不是每位家长都有能力为孩子做这么多。有效的治疗是存在的，但是让孩子接受治疗却需要花大笔金钱。我们需要了解的是，每个人都有与生俱来的天分和才华，这种天分和才华是可以发掘的。每个孩子都不应该被放弃。

第 **8** 章

奥布莱恩家：互相扶持的
分心一家人

如果全家人都患有 ADD 呢？如果你自己、你的爱人以及你的 7 个孩子都有分心问题，你会怎么办？你可能会说："干脆杀了我吧！"以前我会认为带领全家克服 ADD 是不可能的事情，但是认识奥布莱恩家的妈妈南希后，我改变了想法。

奥布莱恩家的故事证明：只要有心，我们可以克服异常艰难的挑战。南希让我们看到，只要我们有强韧的心灵，每天都努力，我们就能驾驭分心，即使是在最艰难的情况下。

南希遇到的境况可能是我见过最困难的了。她必须自学关于 ADD 的种种；与包括医生在内的许多人对抗，扭转他们对 ADD 的误解；必须抚养 7 个患有 ADD 的孩子，与此同时她发现自己和丈夫也患有 ADD，并努力克服了。她向我们证明：你不一定要采取昂贵的治疗方法，只靠两个上班族父母自己的努力，也可以做到。她的故事不仅鼓舞人心，而且发人深省。

从 1994 年起，南希就是我的病人。她生于 1944 年，幼时和青年时她完全不知道 ADD 是什么，更不会想到她将会把大半辈子花在这上面。她是家中 7 个孩子中最小的，父母在波士顿开了一家小型的两年制专科学校，全家人挤在一间公寓里。

南希的父母身为老师，喜欢强调成绩的重要性。南希的哥哥和姐姐的成绩都很好，她的成绩却不是很好。她说："学校就像地狱一样，我恨透学校了，我到现在还恨学校，所有关于学校的回忆都是痛苦的。我二年级的时候因为上课讲话被罚站在走廊。平常我都很乖的，那天不知怎么的，就被抓到了。一个人站在走廊，我觉得既冤枉又很丢脸。

"一年级的时候，妈妈给了我一个甜甜圈。我放在课桌抽屉里，结果发霉烂掉了。我不知道怎么偷偷拿出来丢掉，才不被别人发现而取笑我。我每天都在担心，如果有人看到了这个恶心的烂东西，骂我愚蠢该怎么办？"许多孩子都可能碰到这种事，但是儿童 ADD 患者特别容易手足无措，不知如何处理这种小事。

别人可能会直接把甜甜圈拿出去丢掉，但是患有 ADD 的儿童看不到这么明显的解决方法。他们会拖延，每次想起来就心烦不已。不论是面对甜甜圈还是面对没做完的作业、没付的账单、跟某人道歉、乱七八糟的屋子……以及各种各样其他的小事情，他们都会有这样的表现——越着急就越要拖，越拖就越急，就这样恶性循环下去。

换了学校之后，南希的情况仍然很糟糕。"从第一天开始就很糟。他们在黑板上用手写体写字，而我最不会写手写体了。学校每年要测验一次用手写体写字的能力。我以前只学过印刷体，所以黑板上的字我都看不懂。但是我非常害羞，不敢跟任何人说，只好自己摸索。"

自己摸索，这是成千上万未经诊治的分心者的必经之路。自古就有成人及儿童 ADD 患者，他们容易分心、冲动、躁动不安。在得到诊断之前，他们被认为性格不好、懒惰、任性和不受教。所谓的"治疗"往往就是处罚和羞辱，对儿童来说是罚站、被老师讥笑或打骂，对成人来说则是被瞧不起、被说成没出息。当然也有人能够靠直觉、创造力和意志力克服巨大困难，取得成功。

既然没有其他办法，南希只好更努力地学习了。在那个年代，如果学生成绩跟不上，可能会挨打的。

"我必须跟上学习进度，可是上学对我来说真的是非常困难，因为我无法专心。"在 20 世纪 50 年代，这会被认为是个无力的借口。老师只会叫你"努力一点，专心"。虽然努力是一切成功的基础，但是光靠努力是不够的，你更需要一些方法与指导。

何况南希已经很努力了。"我不是不想学习，虽然常常迟到，但我几乎每天都去学校，可就是不开窍。不过，尽管学习的过程令我非常痛苦，我的成绩还过得去。

"有一次学校让我们做智力测验，测验结束后，他们没有直接宣布结果。有一天，老师说，我们班上有一个人的智商排第三名，可是学习成绩却是倒数第七名。我知道她说的就是我。我心想，我一定是太懒惰了，不然为什么别人能做得比我好？我知道自己蛮聪明的，但就是搞不懂为什么在学校没有用武之地。我们全家人的学业都十分优秀，只有我一塌糊涂，我真是搞不懂。

"虽然我也会按时做作业，但是一直不明白自己到底在做什么。我就这样糊里糊涂地混过去了。奇怪的是，我的记忆力很好，这对我的帮助很大，比如在英语课上，我会用联想的方法帮助自己背诗。"

每个人都有自己的特长。学校除了发现学生的不足之处外，也应该能发掘学生的特长，并越早鼓励越好。"对我来说，我小时候很幸运，即使我的书写和拼写都很糟，但老师很欣赏我对文字的热爱。虽然他们也会纠正我的书写和拼写，但是他们更强调的是我写出来的东西，并且帮我树立了信心。"通常，老师和家长都喜欢过度强调孩子的不足，但最终让孩子获得成功的是才华和优势。这才是事业的基础。比如南希就是靠着自己过人的记忆力度过了学校生活。

"我高二的时候怀孕了，不得不离开学校，缺了一些课，但我还是按时毕业了。"南希生下了第一个孩子韦伦，一年后她和韦伦的父亲结婚了。"我非常沮丧。我在精神病院当了很多年护士，没见过比我那时更沮丧的人。"

这就是典型的未经治疗的 ADD 患者的困境。虽然南希很聪明，却在自己不想怀孕的时候意外怀孕、嫁给一个并不优秀的男人以及长期在学校表现不佳，她本人却完全不知道这是为什么。

生活继续着，一天又一天。"韦伦非常多动。我想，他的多动导致了我的抑郁。他就是不睡，总是醒着，一直动来动去。你无法把他丢在小床上。

"结婚之前我和父母一起住，真是糟糕透了。我有个多动宝宝，可他们完全不帮忙。倒不是说他们不愿意，或是没有试着帮忙，而是他们帮不上忙。就像在我自己的成长过程中一样，他们不知道该怎么办。"那个时代，父母不了解 ADD，不知道怎样帮助孩子，所以他们只好什么都不做，或者更糟，给孩子造成了伤害。很多像南希这样的孩子，他们每天都会被父母打。

"我跟韦伦的父亲举行了一个简单的婚礼。之后，我又生了老二罗伯特，我更抑郁了。没有人帮我，没有人注意到我的处境，没有人在乎我的抑郁。"

那个时候，大家不仅不了解 ADD，也不了解抑郁症。更糟糕的是，所有的心智问题都被视为羞耻，视为软弱、性格有缺陷。即使你鼓起勇气承认自己很抑郁，也得不到帮助。你得到的帮助常常会让问题更严重。

南希的父母帮他们买了房子。"我们住在那里，丈夫工作，我带两个孩子。我的抑郁状况十分严重，连起床都很困难。这种情况持续了很长一段时间后，我终于崩溃了，我找出电话簿，给医院打电话，开始看心理医生。我坚持了两年。

"医生很好，非常了解我。他也是爱尔兰人，了解我的成长背景。他叫我去参加嗜酒者互诫协会，这开启了我的新生活。我从一个渺小、狭窄、痛苦的天地迈向一个全新的世界，我在嗜酒者互诫协会遇见了很多出色的人。"

从 20 世纪 60 年代中期到 70 年代中期，南希一直在接受治疗。这期间，她又生了两个女儿，凯瑟琳和小南希。"过了一阵子，我发现我的婚姻很糟糕，我决心改变我的生活，于是我离婚了。

"我那时候像个疯子。我不再抑郁，却总是愤怒。生气、生气、生气，我不知道这是为什么。

"我只知道什么都不对劲儿，我的人生一团糟。我尽了全力，可是生活还是一团糟。嗜酒者互诫协会的人告诉我，'一次面对一天，一次做一件事'。

"于是我找了份兼职工作，带着 4 个孩子搬到缅因州。父母给了我一笔钱，让我可以继续生活。现在想想也许这不是个好办法。我应该早点面对困境，这样才能学会独立。

"我记得自己站在厨房，一边看着窗外一边洗盘子，心想，'我没办法再洗盘子了'。我不能一辈子都在洗盘子。如果我一直洗，我一定会疯掉。我必须做些什么。我想了想，决定了，嗯，就是当护士了。护士是我见过的最有条理的人了，而我恰恰相反，我是自己见过的最没有条理的人，做护士会对我有帮助。于是我坚持读完大学，并拿到了护士执照。

"我当时的办法是坐下来跟自己说'不管怎样，我就是要坐着读这本书，一直读到懂了为止。如果读不懂，就不准上床'。我跟自己赌上了。我用了很多小秘诀帮助自己专心。如果我发现自己发呆或者走神，我就停下来，休息一下再读书。"

那时，南希再婚了，丈夫保罗会帮忙做家务，让她专心读书。"每晚 7 点，我在自己的座位坐下来，一直读到半夜。需要的时候，我会停下来歇会儿。因为有孩子，所以我能有自己独处的时间已经很难得了。在学校，每堂课我都会录音，回家听录音带复习。我几乎把每堂课的内容都一字不漏地抄下来了，然后把内容都背下来。科学类课程有许多公式和细节需要记忆，即使我听懂了，也记不住，所以我只好把所有内容都背下来。"

南希最终拿到护士执照了。"我的成绩很好，可是 ADD 的症状还是存在，我到现在也总是丢三落四。"去读护士学校之前，南希生了第 5 个孩子，毕业后又生了第 6 个和第 7 个孩子。每个孩子的学习情况都跟她以前一样困难，但她不愿意让孩子们吃那些苦头。"我没有什么好法子，但是一直在寻找。我姐姐发现一家医院有儿童门诊，专门诊断有问题的孩子，包括生理、情绪等任何问题。我们带韦伦去看医生，他连去了 5 天，做了各种检查。最后医生说，'他有两个问题，一是他有点远视，二是他的大脑也有点问题。'简言之就是ADD。"

韦伦终于有了确切诊断，这解释了这个 9 岁的孩子为什么从出生开始就活得这么困难。大家松了一口气。分心者和家人在拿到诊断时往往觉得轻松，因为只要知道问题所在，对他们来说就已经成功了一半。

南希迫不及待地想到学校去跟老师解释为什么这个智商 150 的孩子在学习上的表现这么差。但是，当南希请医生写诊断书或给学校打电话证明孩子有分心的问题时，医生说："我没办法。没有人会相信你，也没人会相信我。我跟你说的全是真的，但对别人来说确实难以置信。还要再过几十年，学校和其他普通人才会接受这样的诊断。而且，我很抱歉，我必须告诉你，再过几年，到韦伦十二三岁的时候，情况还会更糟糕。"

几十年后的今天，我对这位医生的远见仍然很惊讶。

南希虽然受困于时代的局限，但她从不放弃。她听从了医生的建议，让韦伦进行药物治疗，这对他的帮助非常大。当她跟老师解释为什么韦伦忽然进步这么快的时候，他们果然不相信医生的诊断，并坚持药物不是他进步的原因，纪律和努力才是。

南希看着韦伦服药后进步这么多，决定自己也试试。"我心想，这就是我一生寻找的答案。真是不可思议，服药完全改变了我看世界的方式，我可以专心了。我一心想完成一直拖着没做的事情，现在终于可以完成了，一粒药就让我实现了这样的愿望。但是后来，因为我太喜欢服药，而药物的效果又那么好，所以我担心自己会上瘾。这真是悲哀。我坚持去嗜酒者互诫协会，正是因为我怕自己药物上瘾。于是我决定不再服药，也不让韦伦再服药了。这真是个巨大的错误。停止服药后，他在学校惹出很多麻烦，甚至差点儿无法从高中毕业。"

不过后来韦伦又开始服药了，现在他是个成功的人。多年来，南希一直在为孩子们揪心，看着他们不但遇到了她以前遇到过的问题，还有行为问题。南希仍然害怕用药，又无法说服别人让他们正确看待 ADD，只好在丈夫的帮助下，依靠自己的聪明才智和努力抚养这些孩子。

南希成了一名精神科护士，在军医院的药局工作。她发现许多退伍军人都患有 ADD，但未经过治疗。当她将这一判断告诉医生时，医生完全不以为意。他们坚持 ADD 只会发生在儿童身上，当青春期过后 ADD 就会自动消失，而且上瘾行为与 ADD 无关。

但是南希是对的，医生错了。ADD 不一定会在青春期后消失，而且上瘾与 ADD 有高度相关性。如果 ADD 患者能够得到治疗，会更容易戒除上瘾行为。某种程度上，上瘾其实是自我治疗，只是用错了药。如果医生能够对症下药，他们就不需要再自己乱用药物了。

虽然南希一直不敢长期服用 ADD 药物，但是她掌握了一些应对学校的策略。当南希最小的孩子尼古拉斯开始上学的时候，南希已经不再畏惧学校的权威了。"尼古拉斯上学的第一天，我就告诉老师，这孩子会比较多动，如果你发现了这方面的迹象，请跟我说。

"一开始，一切正常。接下来我就收到一些来自老师的小纸条，提示我有些问题出现了。于是我去跟老师谈话，但是她不觉得有什么大问题。尼古拉斯的一年级就是这样度过的。老师总会说他是个好孩子，只是有点这样那样的小毛病。"

三年级开学了，南希终于觉得必须做点什么了，于是她带尼古拉斯去咨询了专家，就像 20 年前她带第一个孩子去做检查一样。但是 20 年后的情况好多了，不但尼古拉斯得到了诊断，医生还给了南希一本关于 ADD 的书。

当她读那本书时，她惊呆了。她更确定了自己长久以来的想法：全家人都是分心者。孩子、丈夫，包括她自己都是分心者。

她非常清楚大家需要帮助，不只需要药物，还有教育、结构、支持、职业咨询、戒瘾、人际关系咨询以及鼓励等。

她去了尼古拉斯的学校。"他们完全不懂。他们对 ADD 一无所知，也不了解 ADD 对学生的影响。我花了很多时间和学校的辅导老师谈，和有博士学位的心理学家谈。一开始那个心理学家对我很不友善，主要是因为她不了解 ADD。最后，她也承认了尼古拉斯的确是分心者。当时，学校里仍然没有人知道 ADD。但这已经是 20 世纪 90 年代了，不是很久之前啦。"

即使现在，还是有许多家长身处与南希同样的境况，他们必须说服学校采取行动。

和学校打交道的时候，我的建议是和老师做朋友，先交朋友再提出要求。但是许多家长早已疲惫至极，还来不及打招呼就对老师提出很多要求，这也是可以理解的事。

我的建议是你可以先跟老师握握手，带些小礼物或是自愿当家长义工，这对你们建立关系会很有帮助。但是对南希来说，这些事还不够，她需要拉拢更多的人。"我发现一件事，开会的时候，人多的那边会赢。我很幸运，可以拉拢一些人来支持我。是谁并不重要，只要是支持我的人就可以。

"我哥哥在管理一个教育机构，我请他和他机构里一位专攻特殊教育的老师跟我一起去开会。如果学校请更多人，我就带更多人去。每次会议结束，我都可以实现我的目的，因为我这边的人比较多。

"这很重要。尼古拉斯的四年级老师跟我说他不相信有 ADD 这回事。他认为尼古拉斯只是缺乏管教。他跟尼古拉斯说，如果他足够努力就一定可以表现好。我直直地看着他的眼睛说，'你这样说的话，对孩子来说很残酷，因为他真的希望自己做得到，可是他做不到。'那时我已经受够那位老师了。他不肯改变，他根本不相信我给他看的任何资料，不相信研究，不相信科学证据。然而，那个学期末，那位老师却主动跟我说，他诊断出了抑郁症，但是他自己认为他患的是 ADD。他对我的努力十分感激，我真是非常无语。"

到了高中，老师想让尼古拉斯进普通班级，南希坚持让他进特殊班，现在她觉得这个决定可能是个错误。"特殊班其实就是把所有有学习障碍的孩子放在一起，尼古拉斯不喜欢那里，所以休学了。他明年还会回学校继续读普通班。我相信他会表现得好。"

而南希的其他孩子怎么样了呢？"罗伯特在一家电话公司工作，结婚了，生了孩子。作为 ADD 患者，他有一阵子需要服药，但是他太太要他停药，因为药物使他非常易怒，于是他停药了。现在他就用他的 ADD 本性过日子，大家都爱他。"

当然，对所有分心者来说，找到合适的伴侣、合适的工作都是幸福的关键。我一再跟成人分心者强调这一点，这是因为他们经常在这两方面犯错。他们常常选择"坏老师"当伴侣和上司。他们真正需要的是相反的人，是欣赏他们的才华、能够处理他们的缺点却不轻视他们的人。

"小南希也是护士。她在学校的学习也很困难，但是她努力读完了大学，并拿到了学位。为了成为一名执业护士，她开始攻读硕士学位，但是没读完，我也不知道为什么。她不肯服药，把自己弄得很辛苦。

"凯瑟琳则是一个接一个地换工作，她总是搬家，总是在改变志向。她做一切都凭冲动，她似乎没找到真正的方向或是想坚持的东西。她34岁了，单身，现在跟我的两个姐姐一起住，她非常不喜欢这样，所以她又要搬家了。她大学毕业以后又回去读了一个英语学位，她说她想拿个英语教师执照，可是她不断跳槽，一直没定下来。她是个很负责任的人，工作很努力。她总是能找到工作，自己付学费。但她就是没办法好好做计划或执行计划。

"我只要一提到药物，她就走开，但是有件事让她的态度发生了改变。凯瑟琳有两只猫，她非常爱它们，把它们当孩子一样对待。有一天，她的两只猫开始打架，打得非常凶，她必须把一只猫送走才能避免它们之间的斗争。于是，我建议她让猫咪吃百忧解。她本来并不愿意，我跟她说，'你反正要把猫送走了，试试看又不会怎样。'她给兽医打了电话，兽医正好做这方面的研究，于是给猫咪开了百忧解。几个星期后，两只猫又和好如初了，而凯瑟琳对用药的态度也和缓了一些，或许今后她会寻求帮助。"

南希继续说着女儿的才华。"她很会卖房子。她可以买下一栋房子，在一个月内再卖掉，从中赚一笔钱，完全不靠中介。她可以处理那种压力，可是自己的生活却一塌糊涂。"

成千上万的成人分心者像凯瑟琳一样，非常有才华却一事无成。他们通常会拒绝帮助，宁可自己单独奋斗。即使没有计划，他们也要顽固地照着自己的方向前进。

虽然不是每个人都需要服药，但至少应该寻求某种治疗，而不是自顾自地胡乱摸索。如果你身边有这种人，我的建议是别放弃他。你可以把这本书送给他，或者把书中的摘要告诉他。如果行不通的话，可以找一个他信任的人，先跟这个人谈谈 ADD，再请这个人跟他谈。你也可以说一些他意想不到的治疗效果，比如提升高尔夫球技、改善性爱体验等。ADD 治疗会让生活的各方面都得到改善。

不要和这些人吵架。成人 ADD 患者就像儿童一样，喜欢争论、喜欢吵架。因为这比静静地听人家建议他如何改善生活要更刺激。

但是不要放弃，坚持下去。治疗 ADD 永远不嫌晚。我见过最年长的患者已经 86 岁了。她说治疗改变了她的人生，让她更能专注，跟曾孙在一起时她也不会走神或觉得无聊了。

对于南希来说，学习关于 ADD 的一切并帮助她的丈夫和孩子当然更是永远不嫌迟。她送了一本书给 19 岁的儿子凯文。儿子跟她说："真神奇，好像找到了信仰。我本以为我这一生都要这样混下去了。忽然，现在有希望了，我的问题可以治疗了。"

凯文去咨询了医生并得到诊断，他也是 ADD 患者，并开始服用药物。凯文所用的药在如今的治疗中已经不用了，因为这种药物可能会造成肝脏负担。但是药物没有对凯文造成伤害，而且疗效很好。"知道自己不是笨蛋对我来说是一种解脱，诊断和药物改变了一切。"

然而凯文还需要再迈出一步。就像许多成人分心者一样，凯文对酒精上瘾。开始 ADD 治疗以后，他的情况改善了很多。他进了法学院读书，开学前他也戒掉了上瘾行为。"戒掉之前，我跟自己说，你活在雾里，只有戒掉它们，这层雾才会散掉。"

我们还不清楚为什么未受诊治的分心者常用药物自我治疗，或是沉溺于购物、吃东西、节食、追求冲动的性行为等。我们知道的是，太多的成人分心者有某种上瘾症，或是某种虽然不算上瘾，但长期下来也会影响情绪、行为和健康的坏习惯。这种类型的 ADD 患者或许患有布卢姆说的奖赏缺陷综合征。

无论如何，分心者的内在状态就是需要一直改变，他们受不了规律的固定生活。

儿童分心者可能会通过找人吵架或打架来寻求刺激，以改变内在状态。这不是有意识的决定，而是像飞蛾扑火般，出于一种本能。冲突也是一种改变。吵架比安静刺激多了。追求冲突的时候，孩子其实是在不知不觉中追求肾上腺素作为药物治疗。肾上腺素是大自然赐给我们的兴奋剂。当我们兴奋、害怕或想打架、有压力的时候，我们的身体就会释放出肾上腺素和皮质醇。

分心者很早就了解，肾上腺素可以让他们更专注、让他们的日子更好过。每当他们无聊、没精神、不自在的时候，他们就会不自主地追求刺激、危险、冲突，甚至打架。这不是因为他们是坏孩子，只是因为他们太无聊了。对于分心者，无聊就像窒息一般令人无法忍受。无聊的时候，分心者会不得不做些什么以便让生活继续高速运转。因此他们比一般人更常沉溺于某种高度刺激的活动，比如性和冒险活动。

治疗需要患者首先承认这些情况，而不是否认，然后寻找其他比较无害的替代方法。合法的咖啡因很有效，但是小心不要服用过量，否则副作用可能很危险。患者还可以服用处方药，只要小心使用、不要过量就没问题。

但是，药物治疗只是一种方法，长期下来并不是最好的方法。最重要的是找到适应自己内在状态的方法，才能过得快乐、健康。学着在寻常活动中找到乐趣，就能拯救分心者的人生。每个人的方法各有不同，我喜欢看职业球赛、看不用大脑思考的电视节目、读报纸上的体育版新闻以及读侦探小说等。这些建议没什么建设性，但是都是没有危险的活动。重要的是我们都需要花些时间充电。

当然，有些有建设性的活动也可以改变我们的内在状态。运动就是一种极好的活动了。做你喜欢的运动可以大幅改善生活。音乐也很不错。或者你可以像凯文一样，找一个有吸引力、让人忙碌不已、有建设性的活动——读法律专业。在接下来的章节中，我们会提供更多用非药物治疗改变内在状态的方法。

凯文现在是律师了。他读法律的时候一直服用药物，上课时他总是坐在教室最前面，以便保持专心，最终他取得了不错的成绩。

凯文现在已经结婚多年。他不仅找到了合适的工作，还找到了合适的伴侣。他的妻子帮助他步入了人生正轨。"她就像我妈妈帮助爸爸一样帮助我。所有我做不好的事情，比如付账单，都是她在做。与此同时她还经营着一家服装店，真是了不起。我很幸运能遇到她。"

他们在考虑要孩子，而凯文的理由很特别。"我们认为生个孩子可能比较好，这样才不会无聊。"分心者往往很会跟孩子相处，他们的大脑这么活跃，就像孩子一样。

凯文的生活并不完美，但是比以前好多了。他还是缺乏组织性、不会管理时间，但是他找到了合适的伴侣和工作，他很快乐、很满足。

南希还提起了另一个儿子詹姆斯。詹姆斯的学业一直不顺利。他个子很高，很惹人注意，不专心的时候更明显。他试过各种药物，但是都无效。

"医生让他试过抗双相障碍的药和抗抑郁症的药，都没有用。他休学，转到特殊学校，又休学，转到一家治疗机构，最终还是读不下去。他晃荡了几年，去年不知怎样就找到了一家木工厂，他竟然去那工作了。他已经在那里待了 1 年了，现在是木工学徒。我想他终于找到适合自己做的事了。他仍然会喝很多酒，可能还是会惹麻烦，不过我认为他会没问题的。"南希长长地舒了一口气。

如今，我们这么了解 ADD，家长们应该比南希当年容易多了。确实如此，但还是不容易。通常，儿童分心者也会有其他问题，比如抑郁、阅读困难、受到创伤、长期愤怒、长期缺乏动力及长期难以管教等。

> 现在这种类型的孩子越来越多了。如果你的孩子正是这样，我有两个建议：第一，不要放弃，我在一些患者身上花了好几年时间，基本上也只是让他们不要自我毁灭而已，他们能否过上好日子是之后的事；第二，永远不要独自担心，你需要支持，伴侣、朋友、老师、教练、亲戚，任何愿意倾听、有智慧、在乎你的人都可以。
>
> 你需要一位好医生，找一位一直陪伴你、真诚、愿意仔细解释、你和孩子都喜欢、知道自己在说什么、有时候肯承认自己也没有答案以及充满希望的医生。不是所有的医生都有这些特质，但是不要放弃，要一直找到自己能够信任的医生为止。

治疗 ADD 不是一个星期或一个月就能见效的，而是持续不停、永无止境的。南希来找我咨询的时候，我们重新讨论了要不要服药的问题。我跟她说，药物不会让她重新开始酗酒，但是如果她觉得不自在，我就不会开处方给她。等到她终于开始服药之后，效果好得不得了。她说："我敢说药物使我的生活大为不同了，而且还越来越好，我对现在生活的满足感也越来越强了。我的时间简直不够用，连休息日我都早早起床，因为有这么多有趣的事情等着我。人生真是越来越棒啊。"

第三部分

分心的判断、
原因及其他

DELIVERED
FROM
DISTRACTION

第 9 章

判断是不是分心者的
7 个步骤

一旦了解 ADD，你可能会觉得身边的很多人都有分心的问题。现代社会到处都看得到分心的症状，不分心的人也很容易想象自己爱分心，因此最好不要做自我诊断。

你应该找专家诊断。诊断过程不会太长，但也不是几分钟就可以解决的。如果专家告诉你患有 ADD，他也应该告诉你，你的优势是什么，你的幸福正是建立在优势和才华上的。

许多专业人员可以做 ADD 诊断。在这方面，儿童精神科医生和发育儿科医生受过的训练最完整。儿童精神科医生治疗儿童，也治疗成人；发育儿科医生只治疗儿童。不过这两类医生的数量都很少。

如果找不到这两类医生，你可以找神经科医生、普通儿科医生或家庭医生。你应该询问他们是否有诊断与治疗 ADD 的经验，如果他们没有，就请他们介绍一位有经验的专家。如果还是找不到，你可以打电话给医学院，找儿童精神科的医生。这些地方往往有能力评估或知道该帮你转院到哪里。

如果你是成人，又找不到儿童精神科医生帮你做诊断，可以找精神科医生，不过他们对于 ADD 往往所知不多。但你可以咨询治疗成人的心理学家，大部分心理学家都接受过相关的专业训练。你也可以找自己熟悉的医生，重要的是要问他是否有诊断及治疗成人分心者的经验。正因为缺乏了解分心的医生，85% 的成人分心者才会未接受诊断。

关于医生是否合适，你可以询问其他患者的意见，也可以信任自己的直觉。不管你就诊的医生的资历有多好、多么受人推崇，只要你觉得不对劲儿，就换一个人。一旦找到能够帮你做诊断的人，治疗中最困难的部分就已经完成了。

评估本身会因人而异，没有一套固定的做法，也没有固定的时长，有时候只需要 1 小时，有时候要花几个星期做各种医学测验和神经心理测验。要做多少测验、花多少时间全看患者的情况。这里我可以给出 7 个基本步骤：

1. 患者本人（儿童或成人）回顾以往经历。患者除了回顾问题和冲突之外，应该也提及自己的优势和才能，尤其要强调学校的经历。
2. 由别人（父母或伴侣）描述患者的以往经历。分心者往往不善于自我观察，他们对自己的印象和别人对自己的印象往往不一致。
3. 如果是儿童，要看学校老师的评语，这很重要。
4. 查看就医记录和儿科记录。
5. 如有需要，做神经心理测验。
6. 如有需要，做进一步的医学检查，比如睡眠障碍检查、甲状腺功能检查、血液的铅浓度检查、肾上腺功能检查以及标准脑电图检

查（如果怀疑有癫痫），根据需要还可能会检查患者是否有食物过
敏、化学物质过敏以及其他环境因素过敏现象。

7. 其他检查。我们诊所会给患者做定量脑电图（qeeg）。我们觉得除
了患者个人档案之外，不论对于儿童还是成人，脑电图都是最有
效的检测方法。针对有些复杂的患者可以做单光子发射计算机断
层成像（SPECT）。

第 1 步和第 2 步：收集患者个人档案是最重要的诊断步骤。患者个人档
案虽然不是检查，却是最好的诊断工具。有时仅有患者个人档案就足够得出结
论了。如果患者个人档案很详细、很清楚，诊断过程就可以到此为止。关于
ADD 的诊断，最常见的误解就是认为可以仅依靠心理测验或脑部扫描得出确
切诊断结果。然而，事实并非如此，患者个人档案比一切纸笔测验、神经心理
测验或脑部扫描都更有效。

既然我们依据患者个人档案做最后的决定，那么医生就必须全面了解患者
以及患者的优点、缺点、才华以及遇到的困难。其中挖掘优势非常重要，有效
的治疗就靠这个。

医生还会询问患者其他各种相关症状。在生活中，每个人或多或少都会
表现出一些症状。但是，既然是将分心作为一种障碍来考察，你的生活一定
是被此症状以某种方式损伤了。否则，你只是有分心的特征，并不算 ADD
患者。

我们如果依照《精神障碍诊断与统计手册》（第 4 版）列出的症状来定义
ADD，会发现这套标准适合儿童，但不太适合成人。ADD 的症状分为两部分：
一部分是分心，另一部分是多动和冲动。成人必须符合这两部分的症状，才能

确诊患有 ADD。

以下是分心的症状，需要具有至少6项，并长达半年以上，达到不适应的程度并且与其发展阶段不相符：

1.在学校、职场或其他场合，常常不注意细节或粗心犯错。

2.工作或玩耍时，常常无法保持专注。

3.跟人交谈的时候常常看起来在走神。

4.常常不能遵照说明完成作业、工作或其他任务（不是因为抗拒或不了解说明）。

5.常常无法规划工作或活动。

6.常常避免、讨厌、不愿意参与需要持续脑力劳动的工作。

7.常常把工作或活动需要用的东西弄丢。

8.常常受外界刺激而分心。

9.日常生活中常常忘东忘西。

以下是多动与冲动的症状，需要具有至少6项，并长达半年以上，达到不适应的程度并且与其发展阶段不相符：

多动：

1.手脚常常动来动去，或在座位上坐立不安。

2.在教室里或其他需要坐好的场合，常常离开座位。

3.在不合时宜的场合，常常不管不顾地跑来跑去或爬上爬下（如果是青少年或成人，则是主观上觉得躁动不安）。

4.经常无法静下心来玩耍或做一些休闲的活动。

5.总是动个不停，好像受到停不下来的引擎驱动。

6.常常说个不停。

冲动：

7. 常常问题还没问完就先回答了。

8. 常常无法耐心排队。

9. 常常插嘴或打岔。

不论是分心还是多动及冲动，你必须具有 9 个症状中的 6 个才算是患有 ADD，而且症状必须从小就有。这些症状必须影响到你的生活，而且是影响到你生活中两个领域以上才算是分心者。一般而言，儿童的生活领域指的是家庭、学校和朋友，而成人的生活领域则是家庭、工作和社交场合。

医生会做全面的评估，而不仅仅看你有几项症状。我想要再次强调的是，评估的过程一定要包含患者的优势及才能，而不单单只是描述问题。

第 3 步：老师的意见主要适用于儿童，如果成人保留了自己当年的学校记录，那么这些记录也会对他们很有帮助。 老师的看法可以让医生看到问题，也能看到患者的优势。我喜欢老师用自己的话描述学生的在校表现，而不是在问卷上打钩。如果一个孩子有分心的问题，从他人的语言描述中就能看得出来。

除了当年的学校记录，成人的伴侣或朋友也可以提供一些资料。

第 4 步：回顾患者的就医记录。 这很重要，因为许多其他疾病会让人看起来像分心者，或者把治疗复杂化。

第 5 步：神经心理测验可能会有帮助，但不一定要做。 这些测验检查的是患者的心智能力。有人会以为这就是所谓的 ADD 测验，但其实不是。不过这很有用，有时候甚至很有必要，尤其是在确定患者是否有相关学习障碍的时候。

如果你希望得到某些特别对待，比如考试不计时间，许多学校会要求学生做神经心理测验。全套的神经心理测验费用很高（大约要 2 000 美元），也很花时间，所以不是标准程序。

第 6 步：其他医学检验牵涉两个我想讨论的议题。第一个是睡眠。60%的 ADD 患者有某种睡眠障碍。即使你不觉得自己有睡眠障碍，你还是可能有，因为你睡着的时候不知道自己睡得如何，因此值得做一次测验。这个测验很简单。你在实验室里待一个晚上，睡觉的时候，研究人员会做各种测验和观察，最后得出结论。如果你有异常状况，就可以采取治疗。

第二个是对环境中的毒素和化学分子过敏，可能会导致 ADD 的症状。我们居住的环境里充满了化学分子，空气、食物、房子的装修材料、衣料、肥皂以及乳液里，甚至我们服用的药物里都是。

这些化学物质对我们会有怎样的影响，目前还无法全面了解。在我多年的经历中，曾经碰到一个因为化学物质过敏而导致 ADD 的患者。她的情况严重到无法工作。虽然在几十年的经历中我只碰到过一个这样的患者，但是我相信还有许多像她这样的病患未被诊断出来。

这就像我们越了解海湾战争综合征（Gulf War syndrome）、橙剂（Agent Orange）和病态建筑综合征（sick building syndrome，俗称"空调病"）是怎么回事，越了解孢子、真菌、病毒以及各种过敏原，我们就能收集到更多信息，也就越能有效治愈这些病患。

的确，有这么多未知数，我们实在不知道能给病患什么建议。但我想，我们至少可以思考一下我们的环境、食物和空气中可能有什么。如果你或家人有无法解释的症状，比如起疹子、呼吸道敏感、精神不振、不明的酸痛、记忆力下降、思考力和注意力下降，我建议你们去医院咨询一下治疗过敏的专家。你也可以上网查询这方面的信息。

其他测验只有在需要的时候才会做。如果患者个人档案让医生怀疑患者可能有甲状腺异常的现象，或是可能接触太多铅，那么患者就需要做血液检查。多数人不需要做这些医学检查。

第 7 步：进一步的检查可能做，也可能不用做。一直有新的测验出现，但是目前并没有任何一项检查被视为诊断的标准程序的一部分。然而，我认为有两个检查是很有帮助的：定量脑电图和单光子发射计算机断层成像。

另外两个测验

定量脑电图和单光子发射计算机断层成像都是已经有几十年历史的脑部功能检测技术。二者尚未被精神医学界广泛接受，但已经提供了很多有效信息，并影响了诊断与治疗。近年来，定量脑电图已经精确到可以用来帮助诊断 ADD 了。

1997 年后，由于机器的改良，我们可以用定量脑电图看到分心者独特的脑波模式。分心者的大脑皮层或外层区域，有皮层激发程度过低（cortical hypoarousal）的现象。这时候慢波（即 θ 波）比快波（即 β 波）多。只要比较快波和慢波的比例就可以诊断出患者是否有分心的症状。

自从 1997 年以来，研究显示定量脑电图在诊断方面具有 90% 的准确度。美国儿科学会（American Academy of Pediatrics）在他们 2004 年发布的关于 ADD 的论文集中曾提到："新的脑波分析技术，如定量脑电图，可以帮助专家更清楚地记录 ADD 的神经和行为本质。"

定量脑电图不是百分之百精确，也无法取代患者个人档案成为诊断的主要依据，但是我们现在会建议把定量脑电图列入标准诊断步骤。你可以在诊所里做，也可以转诊到有定量脑电图仪器的机构去做。虽然你并不一定需要做这个检查，但是它可能对你很有帮助。

定量脑电图不仅可能对诊断有帮助，而且对选择治疗方法也有帮助。研究显示，大脑皮层呈现出激发程度过低特征的 ADD 患者很可能对刺激性药物反应良好。脑电图在诊断和治疗之间搭建了生理性联系。

既然这个测验非常可靠，忙碌的一线医护人员，包括儿科医生、家庭医生、住院医生以及其他非专科医生，更应该具备操作这方面设备并掌握这种技术的能力，因为 2/3 的分心者是通过一线医护人员，而不是专门治疗分心的专家诊断出来的。但是这些医生都太忙了，无法照着我建议的步骤做诊断。即使他们愿意，也会心有余而力不足。他们每天要看上百位病患，无法在一个人身上花太多时间。定量脑电图可以改善他们诊断的可靠性，大幅降低误诊的可能。

单光子发射计算机断层成像本来是用来评估心脏血液流动情况的。我认为精神科医生应该多利用这个新技术。虽然单光子发射计算机断层成像的使用还有争议性，许多专家觉得没有帮助，但是美国加利福尼亚州的丹尼尔·阿门（Daniel Amen）医生已经使用单光子发射计算机断层成像许多年了，他已将这种技术发挥到极致。

我去拜访阿门医生时，他给我看了许多患者的扫描图。虽然我自己懂得不多，单光子发射计算机断层成像也还不足以被当作 ADD 诊断工具，但是我相信这种扫描技术在临床精神医学界确实应该有一席之地。它可以向病患展示他大脑中正在发生的事，仅仅是这一点科普的价值也足够了。

除了阿门医生之外，其他专家都还在观望，希望有进一步的研究证实单光子发射计算机断层成像的功效。我和约翰·瑞迪也想在我们的诊所里做一些研究。

不只是单光子发射计算机断层成像，许多治疗方法都需要更多严谨的科学研究，比如小脑刺激、服用 ω-3 脂肪酸和螺旋藻等。

对于这些可能有效但是缺乏充分证据的治疗方法，我的态度就像古希腊医师希波克拉底（Hippocrates）说过的一句话："首先，不要导致伤害。"比如，做单光子发射计算机断层成像的最大代价就是小剂量的辐射以及需要支付的费用，你需要自己衡量一下值不值得做。最后要记住，最重要的诊断工具就是患者的个人档案，其他测验都只是辅助工具。只有患者的个人档案才是最准确的。

第 **10** 章

如果孩子有分心的问题，
如何跟孩子解释

孩子一旦确诊，家长面对的问题就是：我要怎么跟孩子解释？

家长一定会担心说了之后孩子会认为自己被贴了标签，和别人不一样。如果家长跟孩子沟通的方式不当，确实会伤害到孩子。

但是，如果你和医生都很注意跟孩子沟通的方式，知道诊断结果、明白自己是怎么回事对孩子是有帮助的。下面，就让我来展示一下这个情境，假设现在我要跟一个叫杰德的 8 岁男孩宣布诊断结果。

现在杰德的父母和杰德都坐在我的办公室里。此前，杰德已经完成与临床心理学家的面谈和一些测验了。他的父母也接受面谈了，他们还带来了学校老师对孩子的评估。我现在要跟他们讨论诊断结果，之前我已经跟负责与他们面谈的临床心理学家和做测验的神经心理专家谈过了。

杰德坐在一张舒服的大椅子上。孩子们很喜欢这张椅子，他们可以把脚放在配套的脚凳上，这样会很放松。办公室里有各种玩具和可爱的小物件，孩子们觉得这里很有趣。公鸡形状的时钟、有四只脚和脚趾头的灯、粉蓝相间的棒球、棒球明星海报以及写着"有时候，与众不同让你更美丽"的海报……墙上挂钟的数字都掉到最底下了，钟上写着"管他呢"。家长通常坐在孩子旁边的双人沙发上，而我坐在他们对面。

我们都坐下之后，我拿起杰德的资料，问他："那天你和医生聊得开心吗？"杰德稍稍微笑了一下，但是没说话。这是他第一次见到我，而之前我见过他的父母。我已经告诉他们杰德患有 ADD 了，也一起讨论过他们希望如何告知杰德。他们表示愿意让我来说明。

"杰德，你来过这里好几次了。我们问了你很多问题，也玩了一些游戏，现在轮到我告诉你我们发现什么了。"杰德看着地毯上的小丑、空中飞人和天使。"你想知道吗？"我想确定自己已经得到他的注意，他点头。"我有好消息要告诉你，你有个很了不起的大脑，你是个很酷的人。"他第一次抬头看我，因为从来没人这样跟他说过，他听到的都是相反的话。现在，他真的注意听了。"你容易分心，你猜怎么？我也容易分心！我的两个孩子也这样。很酷吧？"我指着桌子玻璃板下我孩子的照片。他们在海滩上，穿着沙滩服在玩水。孩子们都很喜欢这张照片。我继续说："你知道分心是什么吗？分心就是说你的大脑像跑车一样。你知道涡轮增压发动机是什么吗？"

杰德点头表示知道。我不确定他是否真的知道涡轮增压发动机是什么，但是他应该听说过，多少猜得到。"你的脑子就是涡轮增压的，意思就是说它跑得很快，而唯一的问题就是有时候没办法刹车 。有时候它需要特殊的机油才不会因过热而烧坏。如果有合适的机油、有刹车，你就可以跑赢别人了。"杰德看着我，似乎想知道更多。"你知道自己有时候在学校没办法专心吗？"他点头。"这就是因为你的大脑在到处乱跑，你总是有各种想法。"他又点头。"这很棒啊！你一辈子都会做各种好玩、精彩的事情。而我要做的是像照顾跑车一样照顾你的大脑，我要教你的大脑如何踩刹车。"杰德点头，似乎认为这是个好主意。他的爸妈微笑着。

我就是这样告诉孩子什么是 ADD 的。这没什么大不了，你不需要说太多，但是也绝对不要不让孩子知道，因为这样意味着有 ADD 是很丢脸或很可怕的事情。关于 ADD，家长和老师都需要知道得更多，而孩子不需要。对孩子来说，觉得自己没有被定义这件事更重要。有 ADD 就像是左撇子一样，那只是我们人格的一部分，不是全部。

如果孩子还有其他问题，你当然应该回答。以下是孩子常问的问题以及我的回答。

问：我的朋友吉米容易分心，他很奇怪。我如果也容易分心，也会一样奇怪吗？

答：你知道你跟他不一样，你有一头金发，这并不表示你跟所有有金发的人都一样，对不对？

问：有 ADD 表示我很笨吗？

答：不，完全不是这回事。这表示你的脑筋转得很快。这表示你可以做很多人做不到的事，这表示你有某种才华。

问：我不想分心，我可以不要它吗？

答：如果你告诉我，你为什么不想要它，我就可以帮你一起克服那些你不想要的部分。我可以帮你实现你的想法。

问：我应该告诉我的朋友我在服药吗？

答：这不关他们的事，除非你想要告诉他们。有些孩子不懂 ADD

是什么，也不懂药物到底是做什么的，所以除非你信任这个朋友，不然就不用告诉他们。

问：我会一直分心吗？

答：如果你运气好，到了青春期就不会了，而有的人过了青春期还会。不过，到那个时候，你已经知道怎么面对它了，你会喜欢的。

问：为什么叫作注意障碍？我不觉得自己有病啊？

答：真好！这是个代表"笨"的标签。那我们一起想个我们都喜欢的新名字好吗？

问：哥哥笑我有 ADD，我该怎么办？

答：你可以跟爸妈说，大家坐下来，爸爸、妈妈、哥哥、你和我一起开个会，解释清楚 ADD 是什么。哥哥很可能只是吃你的醋，因为你可以得到大家的注意。我们开个会好好谈谈。

问：如果我爱分心，我长大以后还可以……吗？

答：你长大以后，要做什么都可以。只要我们面对它，分心并不能阻止你做任何事。事实上，分心可能是你的一大优势哦。

问：你也爱分心，你怎么能读完医学院，还写书呢？

答：我自己也在用我教你的这些方法。最重要的是，我试着做我喜欢做的事，需要帮忙的时候就开口请别人帮忙。

你可以试着回答孩子所有的相关问题，但是记住，答案要简单明了。随着孩子长大，他也许会想读关于分心的书，但是我不会逼他读。他不需要变成分心专家，只要发挥潜力，活得精彩就够了。

第 **11** 章

为什么有人会分心

虽然 ADD 具有高度遗传性，但环境也扮演了重要角色。一个人可以从父母那里得到遗传基因，然后通过生命中各种经历的诱发而产生分心的各种症状。比如，如果孩子从父母那里遗传了容易分心的基因，那么看太多电视就会增加分心出现的可能性；而具有同样基因的孩子，如果他从来不看电视，或许就不会分心。

所有遗传性行为及情绪特质都会受环境影响。如果父母之一是分心者，那么孩子有 30% 的概率会是分心者；如果父母都是分心者，那么孩子是分心者的概率就会提高到 50%。不过，要提醒大家的是，这些数字表示孩子可能会是分心者也可能完全不会是。这就像是掷硬币，任何一面出现的概率都是50%，但是即使每次掷到正面的概率是 50%，你还是可能连着 3 次掷到正面。在一般家庭中，孩子分心的概率是 5%。而在父母或兄弟姐妹是分心者的家庭中，孩子是分心者的概率会大幅提高，因此我们说分心具有家族遗传性。不过，基因扮演了什么样的角色，仍然需要研究。

如果你只想了解遗传这个因素，我会建议你跳到下一章。如果你想知道更多，则请继续阅读下去。

若是家庭中某个孩子是分心者，那么另一个孩子是分心者的概率是 30%。如果这两个人是成人，那么这个概率就提高到了 40%。这意味着，会延续到成年阶段的分心比到了青春期就会消失的分心更具遗传性。

回想高中生物课，孟德尔研究豆子和花的遗传特质，发现了显性和隐性基因。记得吗？课本上用四方格里的 PP、Pp、pP 和 pp 代表子代的遗传基因，P 代表显性，p 代表隐性。

孟德尔的理论很伟大，但是显性和隐性基因不足以解释一个人的性格。

比如，出生就被不同家庭领养的同卵双胞胎总是会表现出很多不同的特质。他们的基因完全相同，因此，任何差异都应该是环境造成的。双胞胎的共同特质用统计数字显示时，如果是有程度差异的特质，比如身高、体重或智商，就用相关系数（correlation coefficient）来表示遗传性；如果是二元选择的特质，比如是否有糖尿病、ADD，就用共病率（concordance rate）来表示。相关系数或共病率越低就表示双胞胎之间越没有相似性，越高就表示越有相似性。比如，同卵双胞胎身高的相关系数是 0.9，这表示两个人身高相同的概率非常高。如果是异卵双胞胎，身高的相关系数就降为同卵双胞胎的一半，即 0.4 ~ 0.5 之间。这是因为同卵双胞胎的基因百分之百相同，而异卵双胞胎则只有 50% 的基因相同。因为双胞胎关于身高的相关系数遵循这一模式（异卵双胞胎的相关系数是同卵双胞胎的一半），所以我们可以确信基因是决定身高的因素。

在行为科学中，智商、个性和精神疾病的遗传率都在 50% ～ 60% 之间，但是 ADD 的遗传率则在 70% ～ 80% 之间。这表示分心确实会受到基因的影响。

但是我们必须说只是受到基因的"影响"，因为基因不是一个人患 ADD 的决定性因素，环境也会造成影响。据我们所知，基因和环境一起影响了人的个性、脾气、情绪、认知方式以及其他行为。那么基因和环境谁的影响比较大呢？刚刚提到的遗传率就是在尝试解释这一点。遗传率可以用从 0 到 1，也可以用从 0 到 100% 来表示，这代表一个特质在全人口中受到遗传影响的比值。

因为遗传率只是某时空下、某个人口样本中的比率，因此，在人的一生中遗传率是会改变的。比如，调查 6 岁孩子的政治立场，你会认为他们的政治立场有 100% 的遗传率。但是如果调查 18 岁青少年的政治立场，你就会认为政治立场只有 0 的遗传率了。

根据过去 15 年的大量研究，ADD 的遗传率平均约为 75%。这对于行为科学中的一种病症来说，算是非常高的遗传率了。

因此，不论 ADD 是什么，光靠改变环境是不可能治好的。ADD 就像一株耐寒的树苗，在极端困难的环境下也能生长。因此，我们不应该移除它，而是要帮助它长成一棵与众不同但茁壮的大树。

不过，虽然 ADD 具有高度遗传性，但是目前并没有任何遗传标记或测验可以告诉我们它是怎样遗传的。

或许很快，市场上就会有遗传标记的测验了。这些测验可能会带来新的诊断及治疗方法，我们或许可以告诉患者他的基因类型是什么，而不只是他的表现类型是什么以及有什么症状。

但是，即使这些测验上市了，也无法确切地指出谁会分心，因为有些基因并不一定会表达出来。原因包括：第一，分心有很多相关基因；第二，分心症状不一，每个人都不太一样；第三，生活经验会影响基因的表达。因此，即使我们可以指出谁有分心的相关基因，还是无法预测谁会分心。

目前一些公司在研发基因筛查测验，他们推出了遗传筛查及诊断测验。这些测验最早是针对多动症和抑郁症的，并持续开发包括焦虑症、上瘾和肥胖的遗传测验。做这些遗传测验的好处是，我们可以告诉患者，他是否有潜在的危险基因、要如何改变环境以及如何避免疾病。对于有分心倾向基因的人，我们可以建议他生活环境要有条理、要有适当的刺激性活动、要运动以及做其他有益的生活改变。

如果孩子经过测试发现有分心倾向的基因，那么家长就可以早早采取措施，在生活环境中尽量规避容易引发分心的因素，比如给孩子均衡的营养，减少糖类及添加物的摄入、增加 ω-3 脂肪酸的摄入，鼓励孩子运动，养成好习惯，培养时间管理的能力，每天做计划，让孩子明白喝酒与其他上瘾活动的危害等。

除了遗传标记之外，多巴胺系统也可能成为分心生理测验的基础。多巴胺转运蛋白（dopamine transporter，DAT）负责运送多巴胺。通过将带有辐射性的分子注入血管中再进行脑波扫描，科学家可以追踪成人分心者和正常人的 DAT。他们发现成人分心者的 DAT 比正常人多出 70%。这个技术继续发展下去，将会成为很有价值的诊断工具。

高浓度的 DAT 也与容易上瘾呈高度相关性。这个测验也可以用来识别容易上瘾的人。以前我们只能用家族史做猜测与判断。通常，会上瘾的人具有存在上瘾倾向的基因，但是当一个人的祖父母及父母都没有相关症状时，我们就很难判断了。一旦有了这些测验，简单的脑部扫描或基因检测就可以告诉我们家族史无法告诉我们的信息。

我们是否在训练孩子变成分心者

我们的社会很可能正在训练我们的孩子变成分心者，因为各种新的环境因素都在刺激和引发分心。讨论分心的时候，我一定要强调，虽然分心有遗传性，却不必然发生。能够遗传给孩子的只是分心的倾向，而真正让分心发生的还有环境因素。现代社会可能正是分心的温床。

没有人确切地知道哪些环境因素会引发分心，但是我们现在能看到的分心者比几十年前多了很多。一个原因是大家更加了解分心了，能够认出分心的症状。另一个原因是，有人认为分心已经成为一种时尚，很多人在利用这个作为借口。虽然我不赞成这种说法，但是在某些领域或许真的有这种情况。

过去几十年，世界经历了一场史无前例的文化风暴。我们身在其中，很难保持客观。而推动世界发生剧变的正是科学进步。这些前沿的发现在为我们的生活带来便利和优势的同时，其中一些可能在不知不觉中侵蚀着我们的生活。

首先，电子通信技术，这一信息时代的源动力，占据了我们大量的时间。电视、手机、电脑、网络、游戏机、传真、电子邮件逐渐侵蚀了我们的生活，让人与人之间面对面的互动变得越来越少。

无论是不是分心者，被声光娱乐和电子刺激长大的孩子往往没有耐心跟别人进行长久对话。这个趋势还在持续之中，一项研究显示，学龄前儿童每天看超过两小时电视，长大后，会比其他儿童患 ADD 的概率高 30%。

儿童越是被动地接受娱乐，比如看电视，就越无法忍受挫折，越是追求即时满足，也越无法发展出非凡的想象力。

其次，部分化学研究的成果也可能会在不知不觉中伤害我们。比如，我们越懂得如何提高农牧产量，环境污染就越严重，而其影响也将无法估计。

有史以来，我们从未像现在这样依赖化学物质，空气、衣服、化妆品、清洁剂、药物、食物、水……这些都含有化学物质，虽然我们的初衷是让生活更舒适、更安全，甚至更清洁。

这些化学物质和基因一起导致分心的可能性有多大呢？没有人知道。

我知道的是，过去几十年里，不只患有 ADD 的人数增加了，气喘、孤独症患者也都大量增加了。

ADD、气喘、孤独症患者数量迅速增加的原因还不清楚，但是现代社会的确有各种危害健康的东西，尤以电子产品的过度刺激和化学物质污染的影响为最。我们能够做的就是少看电视、少玩电子游戏和电脑，多花时间和亲友相处，吃得健康些，多运动，以及尽量避免与有害化学物质的接触。

第 12 章

分心与躁动

如果你读过任何关于分心的书，那么可能就已经知道并发症这个词了。并发症指的是伴随疾病而来的其他病症。比如，分心者很可能并发抑郁症。

但是，我不喜欢"并发症"这个词。我认为我们应该更强调健康，而不是病理，所以比起"并发症"，我更愿意说那是分心的"伴随问题"。

分心有好的一面，我一再强调，在分心的核心特征中蕴藏着许多优秀美好的品质。治疗必须始终以发现并发展这些潜藏的能力为最终目标。

但是，分心的伴随问题可能会阻碍治疗，因此我们需要了解它们。

最常见的伴随问题就是情绪障碍，大约 25% 的分心者都有情绪障碍，包括抑郁症、轻度抑郁或双相障碍，这些疾病往往有家族遗传性。有时候，我们很难区分分心和双相障碍，大约 20% 的分心者有双相障碍。

分心患者开始接受治疗后，这些伴随问题都会得到一些改善，有时候甚至完全好转。比如，分心者可能会极度受挫，年复一年地无法实现自己设定的任何目标，这使他们患有抑郁症。一旦分心者开始接受治疗，他们就变得比较专注，并能逐步实现自己的目标，抑郁症也不治而愈了。

但是反过来讲，治疗分心也可能让伴随问题的情况更糟糕。比如，患者的抑郁症也可能会因为治疗分心而变得更严重。因为当他们的注意力增强后，就能够专注于检讨自己一塌糊涂的生活，于是会更加沮丧。在这种情况下，必须一边治疗分心，一边治疗抑郁症。别沮丧，所有的伴随问题都可以治疗，但肯定要花点时间。虽然这些症状不可能一夜之间就消失，但是几个月内，你就会看到进步。当分心的症状减轻时，其他症状也会减轻。**75% 的分心者都有某种或多种伴随问题**。要注意，一旦发现自己有这些伴随问题，就要寻求治疗。

在 20 世纪 90 年代中期之前，从来没有人认为儿童或青少年可能会患上双相障碍，大家都认为只有成人才会。1995 年，珍妮特·乌兹尼亚克（Janet Wozniak）在美国《儿童及青少年精神病学会杂志》（*Journal of the American Academy of Child and Adolescent Psychiatry*）上发表了一篇名为《临床患者具有类似躁狂症的症状可能是儿童双相障碍》（*Mania-Like Symptoms Suggestive of Childhood-Onset Bipolar Disorder in a Clinically Referred Sample*）的论文。这篇论文改变了一切。

乌兹尼亚克的研究依据其实就是每个临床医生都看过的现象，但是大家都深信只有成人会患上双相障碍，于是把儿童双相障碍误诊为各种其他疾病，比如边缘型人格障碍、品行障碍、对立违抗性障碍（oppositional defiant disorder，ODD）、ADD、创伤后应激障碍，或者干脆误认为这些孩子性格不好或骨子里就是坏的。

乌兹尼亚克和她的同事对儿童双相障碍研究的贡献很大。她的论文发表后不久，全美精神科医生都开始做出儿童双相障碍的诊断了。1999年，德米特里·帕波罗斯（Demitri Papolos）和贾尼丝·帕波罗斯（Janice Papolos）写了一本叫《双相障碍儿童》（*The Bipolar Child*）的书。从此，这些儿童终于可以得到适当的诊断和治疗了。

但是，怎样算是双相障碍呢？怎样算是分心呢？怎样算是对立违抗性障碍呢？怎样又只是顽皮的小孩呢？谁能够说得清楚？双相障碍的症状和许多其他疾病都有相似之处，而和分心的相似之处更多，尤其是非常多动及冲动的分心者。

然而，当大家知道有儿童双相障碍这种疾病之后，有些医生会过于轻易地做双相障碍的诊断，就像在分心广为人知之后，医生会过于轻易地做分心的诊断一样，而有些医生则过于保守，不愿意做这个诊断。过于轻易做诊断的医生并非刻意为之，而是希望好好运用新知识帮助病患。我相信儿童双相障碍也是一样的，有些医生会过度诊断，有些医生则完全没有诊断出来。

儿童精神科医生彼得·梅茨（Peter Metz）说："在我的诊所里，每天都能看到服用药物的双相障碍孩子，但他们真正需要的其实是稳定的家庭。他们的问题是社会造成的，而不是医学能解决的。只要孩子打架、难以控制、情绪不稳定、任性、不听老师的话，他们就会被认为是双相障碍患者。不知所措的父母带孩子看医生，而医生太忙了，没时间好好诊断，也没时间深入了解他们的生活状况，于是就说他们患了双相障碍，给他们开些药就结束了诊断。儿童双相障碍当然存在，但是有些诊断太过轻率了。大部分孩子只是有社会问题，只有少数的孩子确实患有双相障碍。有时候，做出双相障碍诊断比试着解决复杂的家庭结构问题要容易多了。"

就像 ADD 一样，双相障碍也没有绝对精准的测验，因此可能会被误诊。更复杂的是，分心和双相障碍常常伴随着一些社会问题，我们无法将社会问题和病症区分开。因此通常，医生在治疗分心和双相障碍的同时，也需要解决患者的社会问题。

为了更好地说明，下面我先比较一下成人分心者和成人双相障碍患者的异同之处。

双相障碍的最大特征就是情绪波动大。这可不是一般的情绪波动，而是很强烈的情绪波动，包括所谓的躁狂。如果你曾见过躁狂症患者，那么你一定知道他的行为举止是多么奇怪。虽然你不了解他到底是怎么了，但是你可以感觉到这个人正被一种巨大的力量驱使着。

成人躁狂症患者会异常兴奋、情绪高亢。他会认为自己拥有特殊的能力，甚至认为自己是主宰一切的神灵。症状比较轻微的患者会认为自己无所不能，比如一夜暴富、为中东带来和平或是找到治愈癌症的秘方等。即使是最轻微的躁狂症患者都和一般人不同，他们的行为会比那些最有自信的人更夸张。

除了情绪亢奋之外，躁狂症患者的思考会很快且杂乱，说话的语速也会很快。以下是一段躁狂症患者的典型言论：“早安，医生。我看到你的领带颜色像彩虹一样，这是光线通过水汽折射出的结果，象征着希望，你会在彩虹尽头找到一罐金子，当然这是不可能的，彩虹领带给我们带来新的想法，我整晚都在想新点子，别人，包括你，都还在睡觉的时候，大家都太累了，真是可惜，但是没关系，以后就不会了，只要他们肯了解我整晚在想的点子，很长的理论，边缘，互相交叠成网络，时间这么早，我想你还没办法听得懂这些，可是等一下我们会谈的，我会好好跟你解释清楚，如果这个等一下变成现在，现在就是 3 点了，对不对？”如果你仔细读，就会发现这段无意义的话传达了一个信息：这就是躁狂症患者的大脑。

然而，有时候躁狂症患者的状态不是情绪高亢，而是易怒。躁狂症患者可能变得非常愤怒、有攻击性，甚至有暴力倾向。

要称作真正的躁狂症发作，这种高亢或易怒的状态必须持续一星期以上，且必须有下列的部分症状：

- 过于膨胀的自尊。
- 睡眠需求减少。
- 比平常话多。
- 思绪飞腾。
- 容易分心。
- 有目标导向的活动增加（躁狂症患者可以做很多事）。
- 过度沉溺于可能会产生不良后果的活动（比如花钱、不安全的性行为和有风险的商业行为）。

从以上各项症状中，你可以看到一些 ADD 的影子，包括分心、多动和失眠。但是成人的双相障碍是不易被混淆为 ADD 的，因为他们的情绪如此亢奋及易怒，分心和多动的症状已成为次要的了。躁狂的成人会让你完全招架不住，而成人分心者只是会让你受挫。

我们只要看主要症状就很容易区分成人的双相障碍和分心。如果患者的主要症状是情绪异常，那么就要往双相障碍的方向思考；如果患者的主要症状是注意力异常，那么就可能是有分心的问题。当然，一个人也可能同时具有这两个问题。

另一个区分方法就是看患者个人档案。分心是长期的慢性疾病，不具有周期性、交替发作的特征；而双相障碍则是交替出现，即躁狂期和正常或抑郁期交替出现。

但是儿童的双相障碍和分心则较难区分，因为儿童躁狂不像成人那么明显，至少在普通人看来是这样。

严格来说，我们可以用同样的标准进行区分，但是最具有诊断及治疗儿童双相障碍经验的专家认为，儿童的躁狂发作很少会超过一个星期。

但是儿童躁狂期可以在一天里反复发作好几次。儿童躁狂症的特征和成人一样，可能会出现上述任何症状，但是持续时间较短。

成人躁狂症最常见的症状是情绪高亢，儿童则是易怒。不过，易怒实在不足以形容他们的情况。这些孩子的表现可能会非常狂野，满嘴脏话、打人、吐口水、攻击身边的任何人，并对想帮他的人尖叫"我恨你"。现在你可以想象，为什么几百年前的人会认为这些孩子被魔鬼附身了吧？儿童分心者也可能易怒，但是没那么强烈。

儿童分心者的易怒来自对挫折的忍受度低。易怒也可能是抑郁症儿童的症状，但抑郁症儿童的易怒并不像躁狂症儿童那么强烈。抑郁症儿童的易怒表现是抱怨、喜欢摆臭脸或者是无论怎样逗他都不开心。

躁狂发作的孩子很危险，他会发起正面攻击。但他的情绪极不稳定，很可能在一段时间内一会儿抑郁，过一会儿又躁狂。

儿童分心者则不同。我曾和帕波罗斯医生谈过，他说："如果你知道儿童躁狂症是什么样子，诊断就很容易。"通常患者就足以用来诊断了。

帕波罗斯医生估计有 90% 的双相障碍儿童起初会被诊断为分心。误诊的危险不仅仅是兴奋剂无法帮助患者，更重要的是兴奋剂会伤害他们。兴奋剂会让患有双相障碍的儿童躁狂发作或抑郁发作，甚至可能引起自杀。更糟糕的是，患者一旦使用过兴奋剂，治疗双相障碍的药物就不那么有效了。

其他专家不同意帕波罗斯的说法，他们不觉得给双相障碍儿童服用兴奋剂有多么危险。虽然谁也不想给双相障碍儿童服用兴奋剂，但是这样做的危险尚未被充分证实。虽然缺乏证据支持，但是大家都同意，兴奋剂对双相障碍儿童没有好处。大家都认为，儿童双相障碍和儿童分心常常会被混淆，但不应该被混淆，两种疾病的治疗方法是不同的。

帕波罗斯医生还提出了区分二者的另外两种方法。

首先是家族史，患有双相障碍的儿童的父母往往至少有一个人患有双相障碍或酗酒；其次是双相障碍儿童往往有睡眠问题。其中"有些儿童早上就是醒不来，儿童分心者有时也会这样，但是双相障碍儿童更严重，他们要被拖下床才能起来"。

一旦做了双相障碍的诊断，最有效的药物就是非典型抗精神病用药和情绪稳定剂，而兴奋剂则会让情况恶化。选择性血清素再吸收抑制剂，比如百忧解、乐复得和帕罗西汀是无用的，它们会让情况变糟。

对于非典型抗精神病用药，你可以先试试安律凡（Abilify）[1]，因为它不会造成体重增加。维思通（Risperdal）[2] 控制攻击性的效果非常好，但是会引起

---

① 通用名阿立哌唑片。——编者注
② 通用名为利培酮。——编者注

严重的体重增加。再普乐（Zyprexa）[1]效果也很好，但是可能会导致 2 型糖尿病或动作异常。

至于情绪稳定剂，你可以先试试除癫达（Trileptal）[2]或利必通（Lamictal）[3]，而不要先用锂盐（Lithium）、丙戊酸钠（Depakote）或得理多（Tegretol）[4]，因为前者副作用较少。你一定要先跟医生充分沟通，了解服用这些药物的风险之后再做决定。锂盐仍然是历史最悠久、研究最详细及最常用的药物，但是它的副作用也可能很大。所有治疗双相障碍的药物都有副作用。

有的人服用一种叫作新营养补充剂（Empowerplus）的营养补充品，里面含有各种维生素和矿物质补充剂。有些人用了赞不绝口，但是没有任何研究证实这种补充剂的功效。

如果患者被诊断为双相障碍，其他的症状也要一并治疗。抗抑郁的药，比如每天 5 毫克的喜普妙（Celexa）[5]，或是其他低剂量的选择性血清素再吸收抑制剂都可以。如果既有分心的问题又患有躁狂症，那么一旦躁狂症受到控制，就可以增加服用一种兴奋剂。

虽然我们并不能真正了解儿童双相障碍，但是我认为在做出 ADD 诊断前，尤其是在孩子开始服用兴奋剂之前，最好要考虑他是否患有双相障碍的可能，以防万一。

我们也需要仔细评估孩子的生活环境，许多孩子及成人只是缺乏支持他们

---

① 通用名为奥氮平片。——编者注

② 通用名为奥卡西平片。——编者注

③ 通用名为拉莫三嗪片。——编者注

④ 通用名为卡马西平片。——编者注

⑤ 通用名为西酞普兰。——编者注

的环境而已。长期下来，他们会变成问题儿童或问题成人，会被随便贴上一个错误的标签。

如果你有值得信任的医生，跟他好好谈谈，让他仔细整理出病情档案。这并不难，只是需要花些时间。

第 13 章

分心与阅读问题

分心者常有学习困难，最常见的是阅读障碍。阅读障碍指的是没有任何明确原因，一个人就对母语出现了阅读困难。有阅读障碍的人能够学会阅读，但还是读得很慢或常常读错，永远无法流畅地阅读。分心者也常常并发焦虑症。

现在我要讲个故事，故事的主角是一个有阅读障碍的小男孩。1955 年，他上小学一年级。他的老师埃尔德雷奇老师是个善良的老太太，她很严格，但是从来不会取笑或嘲讽任何学生。上阅读课时，大家围坐在圆桌边轮流阅读。埃尔德雷奇老师会到每张桌旁听孩子们读书。当轮到这个有阅读障碍的男孩时，埃尔德雷奇老师会搬把椅子坐在他旁边，用手臂搂住他的肩膀。"看狗狗跑！跑啊！跑啊！"当他读得结结巴巴的时候，老师会把他搂得更紧。别的孩子不敢笑他，因为老师就在旁边。

你或许猜到了，这个男孩儿就是我。直到今天，我的阅读速度还是非常慢。如果我像乔伊一样，受到奥顿·吉林厄姆法的家教干预，可能今天就不会这么辛苦。

但是我得到了我最需要的帮助——埃尔德雷奇老师的怀抱。她的怀抱让我不再害怕朗读，不为自己感到羞耻。我的大脑有问题，我有阅读障碍，我很笨——随你怎么说。老师的鼓励让我学会喜爱我这颗与众不同的脑袋，并且读完了哈佛大学的英语专业（要读很多书），还辅修了医学预科（要读更多书），以优等成绩毕业，通过了医学院考试，成了住院医生并获得了奖学金（要读更多书），现在我还在写书。

这一切都多亏了埃尔德雷奇老师的怀抱。从小学一年级到现在，她的怀抱都一直陪着我。虽然如今埃尔德雷奇老师已经过世了，但她仍然在帮助我，用她的怀抱一直保护着我，我对她充满感激。

如果一个人天生有阅读障碍，我会说"恭喜你"，因为你会拥有无法衡量的潜力，你的人生会充满连你自己也意想不到的惊喜。从我数十年的经验来看，我认为你一定会有非凡的成就。你的才华是天生的，是无法教出来的，也是金钱买不到的。

但是我也会跟你说："要小心！"你需要一个好向导，一个走过弯路的人引导你、告诉你危险在哪里，让你永远不放弃自己，让你相信自己的潜力以及相信生活可以更美好。

如果你有阅读障碍，还是可以学会阅读的，但总是会读得很困难。你无法像常人一样毫不费力地阅读。读书就像骑自行车，正常人可以十分自如，不需要刻意思考如何保持平衡的问题；而有阅读障碍的人则是一边骑一边随时需要注意保持平衡。虽然他们能够阅读，但是会读得很慢，需要更多的努力和专注。

阅读障碍比分心还普遍，影响了 15% ～ 20% 的人口。阅读障碍在分心者中也很常见。虽然确切数据不好说，但是**大约 20% 的分心者有阅读障碍。**如果你怀疑自己有阅读障碍的话，最好还是去找阅读专家做相关的测验。

有时候，大家会把分心和阅读障碍弄混，其实二者完全不同。阅读障碍指的是有阅读问题，而分心指的是注意力和组织能力的问题。一旦开始治疗分心，阅读障碍的症状可能就得到改善了，因为一个人一旦能够专注，阅读能力就会跟着提高。但是分心有药可治，阅读障碍则无法通过服药来改善。

阅读障碍需要的是特殊的家庭教育。你需要培养音素意识（phonemic awareness），就是把单词拆解为最小的发音单位，再拼凑起来。这种能力被阅读障碍领域的知名研究者萨莉·谢维兹（Sally Shaywitz）医生称为"识字解码"。此外，你也需要练习来提升阅读的流畅度。如果你要求一个人出声朗读，结果他读得结结巴巴、断断续续，他可能有阅读障碍。这是可以治疗的，不论他的年纪如何，但是从儿童时期就开始治疗，最终得到的效果会更好。

在谢维兹和很多专家都在强调音素意识、识字解码、流畅阅读的能力时，英国的罗伊·罗瑟福德（Roy Rutherford）医生则提出了一种新方法——多尔疗法（Dore method）。虽然这种方法的疗效未经证实，但是很有意思。患者必须先做小脑功能检查，然后根据自身情况量身定制一套小脑刺激运动。这种疗法需要患者每天做两次小脑刺激运动，每次 10 分钟，从而治疗阅读障碍和分心。

罗瑟福德相信，特殊的家庭教育虽然是目前标准的、经过充分检验的治疗阅读障碍的方法，但是它并未真正对症下药，因此效果没有多尔疗法好。他说："拼音技巧只是阅读的一部分，只训练音素意识就像只练习网球正手球一样，是不够的。如果你好好练上一年，你的正手球技巧会非常棒，可是这并不表示你是很棒的网球手。治疗阅读障碍也是如此。"

他建议将小脑刺激运动列入阅读障碍治疗计划的一部分。他提倡特殊的家庭教育和拼音训练，但是他也强调刺激小脑可以发展控制力、注意力、一般性协调、手眼协调、视觉空间等，这些都是阅读障碍者和分心者常见的共同困扰。

我要强调的是，国际阅读障碍协会（International Dyslexia Society）并不赞成罗瑟福德的方法。他们认为这个方法的功效未经足够研究证实，但是我觉得，将多尔疗法作为一般阅读障碍治疗的补充，或许是利大于弊的。

至于分心者，我们也需要治疗他的阅读障碍，以便更好地发现他的才华及优势。否则，他会认为自己很笨。我们可以为他提供一些学习资源，比如有声书或电脑，让他可以通过灵活的方式表达自己的创意。发掘优势的策略很重要，不论是治疗阅读障碍还是分心，提倡才华和优势都会使治疗更有效。

阅读障碍者和分心者都需要身边有一个乐观的人，医生能否保持乐观对他们而言非常重要，他们需要训练有素的向导，需要他人发掘自己的优点以及适当的环境支持。他们都需要像埃尔德里奇老师这样的人在身边。当他写字写得歪歪扭扭、读书读得磕磕巴巴的时候，老师不会用担心的目光注视他，而是对他露出理解的微笑。阅读障碍者和分心者需要一些了解自己且值得信任的人。只要有温暖的怀抱，他就能成功。

而成功究竟在哪里？这就是我们需要去挖掘的。

第 **14** 章

分心与上瘾

　　如果除了酗酒或其他有害嗜好之外，生活中没有其他事情能够给你带来乐趣的话，你会怎么办？如果你就是控制不住自己的冲动行为，你又会怎么办？这正是许多成人分心者必须面对的问题。

　　我已经说过，分心者普遍具有上瘾倾向。可能是因为天生的生理因素，他们难以像一般人那样在日常生活中得到乐趣。

　　分心者常常有药物滥用以及各种成瘾症的倾向。**大约 40% 的分心者会喝很多酒，大约 50% 的分心者无法戒掉烟瘾，15% 的分心者可能有反社会型人格障碍，并常常触犯法律。**这些分心者小时候就有相似的问题，比如对立违抗性障碍或品行障碍。

　　处理上瘾倾向的一个方法就是完全不碰酒精以及其他成瘾活动，寻找比较安全的替代方法。嗜酒者互诫协会和大部分的戒瘾中心也都这样主张。

但是如果其他事情无法带给你乐趣呢？

这个问题是没有标准答案的。如果身体就是想要，你要如何戒除呢？又为什么会有人愿意为了暂时的乐趣而被上瘾所折磨呢？

我最喜欢 18 世纪文学家和评论家塞缪尔·约翰逊（Samuel Johnson）的说法。有人问他，"为什么酒馆里的人要喝那么多酒，把自己弄得人不像人呢？"约翰逊的回答是："他们喝酒正是为了忘记自己作为人的痛苦。"

我们现在知道，有的人天生就不会用安全、健康的方式寻找乐趣。然而这样的人往往具有伟大的才华，其中许多人也有分心的问题。他们必须想办法控制自己的上瘾行为，才能让才华显现出来。

那么人要怎么控制上瘾呢？这个问题虽然涉及道德选择，但又不完全是，因为这也取决于生理条件。

酒精成瘾的代价极大，而酒精给人带来的只是暂时的快乐与平和。一个人如果没有生理上的限制和遗传基因的控制，戒瘾似乎是唯一合理的选择。

可是即使知道自己要付出惨痛的代价，成千上万的人还是选择了暂时的快乐。想要"忘记自己作为人的痛苦"的渴望如此之强，即使只是几小时，他们也甘愿牺牲一切。

这样看来，与其说选择酗酒和其他上瘾行为的人是太软弱，不如说他们是太绝望了。他们无法以寻常方式得到乐趣，每天必须面对无尽的痛苦。他们必须找到比上瘾更好的方法来忘记痛苦。

我相信最好的解决方法就是建立人际联结，找到深深了解自己、欣赏自己的朋友、伴侣、伙伴。同伴是最好、最安全的"药物"，下面要介绍的 12 步计划正是这样一个可以帮你找到同伴的方法，但这绝不是唯一的方法。

服药也会有帮助。我们现在已经懂得如何给绝望、抑郁和焦虑的人开处方药，让他们不再依赖错误的自我治疗。运动对患者的帮助也非常大，对身心来说都是最好的药物。注意饮食营养对患者也很有帮助，很多证据显示 ω-3 脂肪酸有助于稳定患者情绪。

然而，最好的治疗方法，一定包括某种建立联结与支持的策略。这样，无论他觉得自己多糟，都不会感到孤独。大部分分心者及上瘾者都会在心里隐隐觉得自己不值得被爱、觉得羞耻，因此在绝望的时候会躲着别人。他们需要某种团体的支持，无论是 12 步计划、团体治疗或是加入某种社团，这些方法都可以。

治疗分心的 12 步计划

对于上瘾者、有强迫症或喜欢危险活动的人来说，12 步计划可能会让你获得自由。你可以考虑一下，不必马上就说："这不适合我。"

12 步计划也可以帮助没有上瘾倾向的分心者。有些分心者的负面症状，比如低成就感、追求危险的刺激性活动、缺乏组织性和时间管理能力，都会造成反复的、习惯性的负面情绪。长久下来，这些情绪会完全控制住分心者，像噩梦般挥之不去。当他再次被负面情绪抓住时，他就像成瘾者一样，仿佛失去了判断能力。尽管负面情绪让他痛苦不堪，他也无法逃离。

下面我想举几个例子，让读者了解分心是如何控制人的：

- 有些成人分心者无法戒掉自己的自卑感。不论他们取得的成就有多高，他们就是无法相信自己是有价值的。他们对羞耻、罪恶感以及无价值的感觉会上瘾。

- 有些成人分心者对冲突上瘾。不管他们走到哪里，他们都会和他人吵架。他们也知道自己的问题出在哪里，但就是戒不掉。即使这样的行为让他们失去了伴侣和工作，他们还是会对人际关系中的负面情绪上瘾。

- 有些成人分心者做事情永远在拖延。他们可以雇教练、买仪器设备来帮助自己，但还是会拖到最后一分钟才会去做该做的事情。他们似乎对拖到最后一分钟的痛苦上瘾了。

- 有些成人分心者无法实现承诺。他们答应一件事的时候确实是诚心诚意的，但是转眼就忘记了，不管采取怎样的方法都没用。他们似乎对让别人失望的感觉上瘾了。

通常，我们不会把上述行为视为上瘾，但是深入了解上瘾或许可以帮助我们解决这些问题。

不论一个人是真的有上瘾行为，还是对负面情绪有类似上瘾的感觉，都可以从 12 步计划中获益，戒掉那些不好的习惯。

12 步计划并非适合所有人，但是我想鼓励大家都尝试一下。几乎所有从这个方法中获益的人，当初都认为"那种东西适合别人，不适合我""我不喜欢进入团体"或"那是给酒鬼用的，我又不是酒鬼"。

12 步计划帮助了无数的人。虽然我和瑞迪没有亲自尝试过，但是我们都目睹了许多患者因为 12 步计划改变了自己的人生。对于上瘾者，这个方法是最有效的，也是最省钱的。

嗜酒者互诫协会是实施 12 步计划最为人熟知的团体，还有许多其他类似团体，比如针对食物上瘾、性上瘾、购物上瘾以及沉溺不良关系的团体。

为什么 12 步会有效

虽然我从来没有加入过实施 12 步计划的团体，但是我跟许多加入过的人聊过，其中许多是我的病人。听他们的描述，我惊讶于 12 步计划竟然如此有效。我们医生做不到的，12 步计划做到了。12 步计划消除了分心者的羞耻感和罪恶感，帮他们建立了信心和与他人之间的信任，激发了他们的潜能，并提供了长久的快乐，而 12 步计划只是鼓励他们用幽默、诚恳、勇敢的方式说出真相而已。

我永远忘不了一个分心者的话。他在参与了 12 步计划之后，终于戒瘾成功。在戒瘾成功 20 多年后，他告诉我戒瘾本身只是其中的一部分。"很多人误以为 12 步计划就是让你放弃嗜好，其实，你收获的要比放弃的更有价值。"

我问他："可是戒瘾之后，用什么代替那种快感呢？"

"同伴。"他想都不想就回答了。

在所有的 12 步计划里，"同伴"可能是多数人戒瘾成功的最重要因素。虽然执行 12 步计划并不容易，但是它会为你带来深远而长久的乐趣，这是酒精或是别的上瘾行为带不来的。

下面，我来介绍"嗜酒者互诫协会的 12 步计划"，这也是 12 步计划的最初版本。

嗜酒者互诫协会的 12 步计划

嗜酒者互诫协会的 12 步计划的原文如下：

1. 承认我们对酒精没有抵抗力——你的生活已经失控了。

2. 相信有一个比我们更强大的力量可以让我们恢复神智。

3. 决定把我们的意志和生活都交给我们心中的信仰。

4. 仔细并勇敢地检视我们自己。

5. 对自己和别人承认，我们到底做错了什么。

6. 完全准备好让心中的信仰消除这些缺点。

7. 诚恳地请求心中的信仰消除我们的缺点。

8. 写一张名单，列举我们伤害过的人，并愿意对他们做出补偿。

9. 可能的话，直接向这些人赔罪，除非这样做会伤害他们。

10. 继续检视自己，犯错的时候及时承认。

11. 通过祈祷与冥想，强化我们的信仰，祈祷只是为了了解旨意并获得执行旨意的力量。

12. 这些步骤会让我们在精神上觉醒，我要试着将这种觉醒传递给其他酗酒者，并在我们的生活中实践这些准则。

现在我来示范如何将 12 步应用到分心者身上。

第 1 步：承认我们对酒精没有抵抗力——你的生活已经失控了。 如果你是分心者，即使你没有任何上瘾行为，还是会有一些事情令你无能为力，以致让生活失控，那么你可以选择用其他字眼代替"酒精"。比如：

• 承认我们对拖延没有抵抗力——我们的生活已经失控了。

- 承认我们对花钱购物以及冲动决定没有抵抗力——我们的生活已经失控了。
- 承认我们对缺乏组织性和乱七八糟的生活没有抵抗力——我们的生活已经失控了。
- 承认我们对健忘、分心和无法坚持到底没有抵抗力——我们的生活已经失控了。
- 承认我们对消极的自我、挫败感、悔恨懊恼没有抵抗力——我们的生活已经失控了。

第 2 步：相信有一个比我们更强大的力量可以让我们恢复神智。有的人到了这一步就卡住了，以为人家要对他们传教。其实这跟宗教一点关系都没有。作为成人分心者，我们非常了解世间有比我们更强大的力量，让我们毫无招架之力。如果我们相信有一种负面的力量将我们的生活打乱，为什么不能相信世间也有一种正面的力量呢？大部分分心者确实有很强大的第六感，他们能感受到强大能量的存在。为什么不运用这种力量呢？

第 3 步：决定把我们的意志和生活都交给我们心中的信仰。这里绝对不是在强迫你做事，也不是在传教。我举个非常普通的例子——保持条理。我一直在用我五年级学会的方法保持条理，但是方法不是一切。我养成习惯的核心是信仰。我相信如果我能够有条理，我的人生会更好，因此我努力做到这一点。我说服自己不要过度担心，不要为了一点小小的失控就烦躁不已。我是因为这种"相信"才有力气做有创意的事情。你可以说我是被信仰支配，你也可以说我是被上小学时养成的习惯支配，或是被我的潜意识支配，或是运气，都可以。重要的是，我们需要信任一个自身之外的力量，而不是觉得自己得独自扛起一切责任。

第 4 步：仔细并勇敢地检视我们自己。 对大部分成人分心者而言，这一步也包括了寻找自己的优点，因为典型的成人分心者不习惯夸赞自己。当然，那些平常不肯面对现实的人，或许会借此发现自己一些不那么令人愉快的缺点。

第 5 步：对自己和别人承认，我们到底做错了什么。 在这里我会加上一句"以及我们做对了什么"。因为成人分心者不善于承认自己的优点。当然，承认缺点也很重要。你可以对自己承认，但最重要的是对别人。这时你就会发觉同伴有多么重要了。

第 6 步：完全准备好让心中的信仰消除这些缺点。 我不怎么喜欢这句话的语气，但是 12 步计划让这么多人获益，我也不好争辩。但如果我能够修改这句话，我会说："完全准备好让我们的心中充满爱。"

第 7 步：诚恳地请求心中的信仰消除我们的缺点。 对分心者来说，这一步意味着寻求帮助。通常，分心者会觉得自己应该负责消除缺点。如果他做不到，就觉得自己失败了。而这一步是在告诉他们："不，你不能只靠自己一个人，诚恳地请求别人帮助吧。"

第 8 步：写一张名单，列举我们伤害过的人，并愿意对他们做出补偿。 对于分心者来说，如果独自实践这一步会很危险。你需要别人或团体帮助你避免陷入自责。成人分心者往往伤害过很多人，虽然他们不是故意的，但是伤害已经造成了。不过，列举我们伤害过的人，愿意补偿他们，这总是件好事情。当你做这件事的时候，会发现你已经做好原谅自己的准备了。

第 9 步：可能的话，直接向这些人赔罪，除非这样做会伤害他们。 这一步延续了上一步治愈和原谅的过程。这里我要再说一次，你需要别人或团体的支持，不要独自一个人，因为你可能会陷入非常沮丧的境地。

第 10 步：继续检视自己，犯错的时候及时承认。 这一步的精彩之处就是，做得越多，感觉会越好。你不再需要假装一切在控制之中，不再需要一直讨好别人，你可以接受人难免会犯错的事实，而不被"又来了，我又搞砸了"的感觉打倒。你会说："我搞砸了，我道歉，我会善后的。"就这样！

第 11 步：通过祈祷与冥想，强化我们的信仰，祈祷只是为了了解旨意并获得执行旨意的力量。 对于这一步，我也有自己的版本："通过祈祷与冥想，强化我们内心的正能量，祈祷只是为了确认它就在我们心中，并希望自己拥有释放它的力量。"分心者的人生如果想从苦涩变得甜美，最重要的就是释放正能量。正能量就在我们每个人的身体里。我们只需要别人帮忙把它找出来、释放它，并跟随它的脚步。

第 12 步：这些步骤会让我们在精神上觉醒，我要试着将这种觉醒传递给其他酗酒者，并在我们的生活中实践这些准则。 一旦得到确切的 ADD 诊断，分心者往往会感觉到"精神上觉醒"了，他的人生会有巨大的改变。有人说这像是"终于找到了一直找不到的钥匙"一样。

如果你想从碌碌无为向富有创造力转变的话，核心就在于唤醒你对于生活各种可能性的认知。曾经的你或许也相信过生活的无限可能，是分心使你忘记了。帮助别人也是一个好方法。强化学习到的知识的最好方法就是教给别人，你可以把 12 步计划教给老师、朋友、祖父母、家庭医生以及任何有兴趣的人。起初，12 步计划的发明是为了帮助酗酒者戒酒，之后又应用在有上瘾行为的人身上。现在，它也可以运用在分心者身上了。

第四部分

分心者如何
才能成功快乐

DELIVERED
FROM
DISTRACTION

第 15 章

如何改善分心最有效

对于分心者，无论是儿童还是成人，治疗都应该是全面的，包括广泛、可能的干预措施，而不仅仅是药物治疗，还需要为他们提供长期帮助，因为分心通常不会自动消失。分心者可能不需要一天到晚去看医生，但是当他有需要的时候，应该只要打个电话就可以找到医生。

我把分心的全面治疗计划分为 8 个步骤。每个步骤都非绝对必要，但至少值得考虑。这些步骤我在前面已经有所提及，在接下来的章节里会详加解释。

1. 诊断，包括发现分心者的才华和优势。
2. 执行 5 步骤提升才华和优势。
3. 教育。
4. 改变生活方式。
5. 建立结构。

6. 某种咨询或治疗，比如请生活教练、职业咨询、婚姻咨询、营养咨询以及心理治疗、家庭治疗、职业治疗等。

7. 其他可以让药物更有效或完全取代药物的治疗，比如刺激小脑运动、有目标的家庭教育、一般性运动等。

8. 药物（如果愿意服药的话）。

第 1 步：诊断，包括发现分心者的才华和优势。诊断是治疗的开端。医生在做诊断的时候，要注意正确性和完整性，还要考虑可能同时存在的伴随问题。医生的诊断应该描述出分心者的才华和优势，因为这些可以帮助分心者建立信心和自尊心。诊断本身也具有疗效，一旦确诊，分心者就打破了多年来遭受的道德批判。

第 2 步：执行 5 步骤提升才华和优势。细节请参考第 16 章。

第 3 步：教育。真正有效的诊断会让分心者学习和了解自己的大脑以及分心。分心者也需要学习分心的症状是什么、怎样不是分心，他们需要让自己的家人认识分心，也需要跟学校的老师和孩子解释分心是怎么回事。在这之后，家庭治疗和婚姻治疗可以提供一些帮助。

第 4 步：改变生活方式。这一步包括 5 个主要部分：

● **睡眠。**大部分分心者睡眠不足。他们睡觉太晚，喜欢熬夜玩电脑、看电视，然后早上不起床。事实上，一些睡眠障碍常常和分心同时出现，比如延迟性睡眠潜伏期（delayed sleep latency）和睡眠呼吸暂停（sleep apnea）。如果你每天早上醒来都觉得很累或是睡不够，你就应该向睡眠专家咨询，他们可以诊断并治疗这些问题。睡眠充足的意思就是不需要闹钟就能自然醒。

- **饮食。**吃对食物和吃对药一样重要，甚至更重要。第 19 章提供了一些建议。

- **运动。**治疗分心最好的方式就是运动。千万不要罚孩子不准下课，他们需要动一动。工作或读书时如果觉得分心或困倦，站起来跳一跳或伸伸懒腰就会让你清醒过来。每个星期的固定运动会让大脑比较容易专心。10 分钟的运动就会像药物一样有效果，而且还不会有副作用。

- **祈祷或冥想。**大量研究发现，祈祷或冥想可以让心智专注平静。儿童或成人都适合。我的儿子塔克二年级时学了瑜伽。有一天，他和妈妈争执起来，他对妈妈说："等一下。"他回到房间，盘腿坐下，闭眼唱诵。过了几分钟，他回去跟妈妈说："好了，妈妈，我觉得好多了，我们继续说吧。"

- **积极的人际接触。**大部分分心者以及现代社会中的大部分人，都没有足够的积极人际接触。分心者尤其如此，因为他们每天从早到晚都要面对别人的指责、提醒、调解、训斥。分心者可以试着确保自己每天都有一些积极的人际接触。

第 5 步：建立结构。结构指的是任何外在帮助，比如清单、档案柜。分心者可以用外在的东西补足大脑中缺乏的组织能力。分心者的大脑中处理分类的空间不够，不会管理时间，并且容易丢三落四。很多方法可以帮助分心者记住事情，比如建立提醒机制和养成习惯。

第 6 步：咨询或治疗。各种咨询都可以，根据需要而定。家庭治疗和婚姻治疗可能对分心者有帮助，但团体治疗是我所知道的最好的分心治疗方法。而生活教练会帮助分心者建立结构、制订计划以及达成目标，这是最实际的、最有效的治疗成人分心者的方法。较成熟的青少年也可以依靠生活教练的帮助。

第 7 步：其他治疗。这本书里提供了很多其他治疗方法，有些是广为接受的标准治疗，比如阅读障碍的治疗；有些是尚未得到证实的新治疗，比如小脑刺激或营养治疗。

第 8 步：药物。根据目前最新也最可靠的研究，治疗分心最有效、最安全的方法就是药物治疗。任何一种药物在大多数情况下都会有疗效，而且几乎没有副作用。但是药物不应单独使用，它必须配合其他治疗。如果你不想服药，就不要服用。你也可以选择其他非药物治疗方法，但是你应该知道，根据研究，药物仍然是目前最有效的治疗分心的方法。

治疗分心的关键

一个人要找到人生的乐趣，就必须找出隐藏的宝藏，也就是自己喜欢并且擅长的事情。

因此，帮助分心者改善生活品质的第一步，就是找出生活中积极的、值得发展的事情。治疗分心应该从寻找患者的优点开始。俗话说："山的另一边有黄金。"不论有没有分心问题，每个人的大脑中都有"黄金"。

我们应该把以前的淘金热情运用到治疗分心上。我们生活的这个时代正是大脑开发的伟大时代，所以我们应该好好利用。正因为科学家发现了越来越多关于大脑的秘密，我们才能发掘埋藏在自己或孩子大脑中的"黄金"。

大部分分心治疗着重于找出分心的问题。分心所带来的问题确实很多，但如果我们希望达到最好的治疗效果，就必须寻找隐藏的黄金，即寻找每个分心儿童及成人隐藏的才华和潜力，并找出他们的大脑中最活跃的部分。

我想，到了将来，或许每个孩子的儿科检查报告和学校成绩单上都会有详细的关于心智和大脑的描述。报告会指出他的才华所在，提供发展这些才华的方法，也会列出他的弱点，并提供克服弱点的方法。

如果你从这本书中只学到一件事，那应该是：不论一个人年纪多大，如果他有分心的问题，那么他的天赋就比他自认为的多。别被分心的诊断吓倒，这是改善生活品质的一次机会。

当然，有些诊断代表着厄运的开始，比如癌症或心脏病，但是分心的诊断却代表了厄运的结束、好日子的开始。尤其对成人分心者来说，他过往的人生已经被糟糕的情绪填满，痛苦充斥他的生活，而诊断是在告诉他，这样的日子结束了，一切都会向好的方向转变。诊断一旦确定，他就可以从科学的角度审视过去的痛苦经历，让自己有机会从道德谴责的黑暗中重生。

一旦确诊，下一步就是发现并发展你的才华。大家经常问我："分心者适合做什么呢？"我的回答是："很难说，但是，不管你做什么，千万不要放弃寻找。"你无法预知自己的天赋是什么。你或许可以进行网络投资、修理汽车、当推销员，或者成为咨询师。不论你的才华是什么，治疗的目标就是发现它，并且好好开发它。或许我们把治疗叫作"采矿"更合适。不论你怎么称呼它，发展才华这一非常重要的治疗目标常常被忽略。但是你要记得，无论你的弱点能够被治疗到什么程度，你的人生毕竟是构筑在才华和优点上的，而不是在这些弱点上的。

刚拿到诊断的时候，你可能很害怕。这个诊断可能听起来很恐怖，充斥着缺陷、障碍这样的字眼，但是不用害怕。

其实我自己也不喜欢 ADD 这个名词。在《分心不是我的错》里，我们建议把注意障碍改为注意力变异综合征（attention variability syndrome, AVS）。

所有诊断词汇都有一个问题，那就是只强调负面影响，完全不提优点。当然，这是医学诊断的传统。在精神病学界，我们常犯的错误是还没有找出患者的优势和才华，就开始进行治疗。这样会错过最有效的治疗工具，即患者自身的能力。

因为精神病学采用的是医学模式，所以我们也用和其他医生一样的方式做诊断。我们诊断出抑郁症、双相障碍、精神分裂症或焦虑症，然后就给病患开处方药了。

然而，我们在对分心者这么做的时候忽略了最重要的部分：分心者心智中健康的部分，即有才华的、成功的、和谐的部分。

我曾经亲身经历过患者的痛苦。当我听到诊断报告，医生逐项列举我的问题和弱点，或是我孩子的问题和弱点，但是完全不提优点的时候，我的心会渐渐沉到谷底。这时候，我觉得孤立无援，我和孩子孤军奋战，没有人帮助我们。我很想说："难道我们就没有做得好的事吗？"但是我没说出口。就像大部分分心者一样，我没有开口，只是安静地听着，让医生列举我的弱点，这是他的工作。他说得越多，我越觉得软弱，越无法振作起来。我缩在椅子上，越来越觉得毫无希望，而自己的问题似乎也越来越严重。

如果可以的话，试着反击，你可以请医生指出你或孩子的优点。如果他不这么做，你可以自己或是找别人做。

　　保持积极的心态非常重要。如果没有正能量，治疗就会失败。 这一点远比你想的更关键。当患者来找我时，我给自己定了一个目标：我要让他们离开的时候感觉比刚来见我的时候好。我知道，如果他们自我感觉比较好，他们就会充分利用我给他们的建议，很可能自己也会找到更多有效的方法。

第16章

5 步法找到分心者
隐藏的优势

只要一个人没有不幸地陷入穷困或遭遇重大变故，他大概率可以过上幸福的生活。就算身处不幸，许多人也能找到快乐的方法。但是，如何转变自己的人生处境，利用好自身的优势，对多数人来说仍然是陌生的。

对生活满足的人和不满足的人有个很大的差别：前者做的往往是自己喜欢的事，而后者往往在很久以前就放弃了自己喜欢的事，他们认为追求自己喜欢的事是不现实的，不值得一试，或者他们没有持续努力的热情。通常是在二三十岁的年纪，他们决定过妥协的生活，因为他们认为真正的快乐不属于他们。

可是，寻找幸福永远不嫌晚。不管你是否分心，不管你的年纪有多大，你都可以创造快乐的人生，人生永远有希望。

几乎每一本关于人生幸福的书都包含这个建议：做你喜欢做的事情。正因为这句话出现的频率太高，它都成了陈词滥调。

但我还是要说，要想成功，你需要找出自己最擅长的是什么，然后在自己的才华和优势的基础上创造生活。如果你想要幸福的人生，就不能只改善你的弱点，你更需要发展优点。换句话说，你不但需要制订如何避免痛苦的计划，也需要制订如何追求快乐的计划。

很多书告诉人们如何避免痛苦，或是当痛苦来临时该怎么办，但是没有多少书告诉我们如何创造并维持快乐，而我想实现的正是帮助你找到快乐。

我发现金钱、名望、健康都不是快乐人生最重要的条件，最重要的条件是内在品质，比如乐观的心态、与人产生联结的能力、至少在某种程度上控制自己人生的能力、做事的能力以及想要做事的欲望。

我又研究了这些内在品质形成的原因。部分原因在于遗传，这是我们无法控制的。但是遗传不能决定一切，生活经历强烈地影响了基因的表达方式。

于是我想知道，创造快乐人生的内在品质最可能来自怎样的生活经历呢？基于过去几十年累积的大量数据以及与不同领域专家的上百次访谈，我设计了 5 步法。这种方法同时适合儿童和成人使用，帮助他们拥有快乐、满足的人生。

虽然 5 步法起初不是为分心者设计的，但非常适合分心者使用。我就是用这种方法找到快乐的。那些我认识的生活快乐的成人，其中多数也是按照这 5 个步骤生活的。

这 5 个步骤形成一个循环，一步接着一步，然后循环往复。5 步法一旦开始实施，可以持续终生，像风车一样转个不停。

当你在孩子或你自己的生活中启动了这个 5 步循环时，你会马上看到积极的发展，而且随着时间的推移，这些积极发展的力量会越来越强、越来越深刻。

循环从"联结"开始，这是最重要的第 1 步。如果你想帮助某人找到快乐，请让他相信自己是一个积极的、更大的整体中的一部分。

创造联结是快乐和健康生活的关键，你可以在任何年纪创造联结。目前的研究显示，能与他人创造联结的人不但快乐，而且比较健康、长寿。因此，如果你想让自己更快乐、更健康，充分联结的生活是最重要的一步。

那么，我说的"充分联结的生活"是什么意思呢？它包括下列各种联结（值得注意的是，你不需要拥有所有的联结，甚至你应该小心，不要有过多的联结。你可以把拥有联结的生活想象成一座花园，仔细耕种会让植物长得更茂盛，但如果过度种植，花园也会不堪重负）。

家庭。这是大多数人的核心联结。但是如果你在家中感觉不到联结，别担心，你可以在其他地方找到。请记住，联结和冲突是一体两面的。如果你和家庭有冲突，其实你就是在和家庭保持联结。联结的反面不是冲突，而是不在乎。

朋友与社群。对许多人而言，朋友可以变成他们的延伸家庭。

学校或工作。如果你在学校或职场感到受欢迎并且被公平对待，又如果你有一两个朋友，那么情况就会好很多。最新研究显示，会惹麻烦的孩子往往在家里和学校都没有联结。反之，家庭及学校的联结可以传递给孩子很强的力量，并给他们提供保护。

活动。如果你能找到几项喜欢的活动，就很可能通过这些活动建立喜悦、信心和自尊，即使这些活动和学校或工作无关。

艺术。音乐、绘画、文学、电影、舞蹈、雕塑等艺术作品提供的联结感，能让人获得巨大的快乐。

小组、团队、机构。不论是俱乐部、团队，还是某个和你有相同信念的组织，与它们之间的联结都传递给你某种意义和被需要的感觉。

宠物。宠物往往能给予我们某些最深刻的情感和最温暖、最积极的能量。

大自然。大自然给我们提供力量、喜悦、灵感以及游戏的场所。

思考与信息。在学习过程中，最重要的是你和信息的联结要自在。恐惧与羞耻感最容易影响学习成果，你要确保学习环境中没有恐惧和羞耻感。

心灵世界。不管你的信仰如何，所处的社会中有怎样的传统，你和知识世界之外的任何东西产生的联结，都值得培养。

过去。通过培养自己对过去历史的觉察能力，了解你的传统及你祖先的故事，你会更清楚为什么自己于此时此刻存在，这会让你和生命的意义产生联结。

你自己。以上各领域的联结自然会导致和自己的联结。分心者往往对自己感到不自在。最好的对策就是强化他们和外界的联结。

创造充分联结的生活需要时间和努力，也需要一生的努力才能维持下去。但是如果你好好维护这些联结，你会发现，许多困扰别人的压力不会再影响你。平衡而充满联结的生活，会让你拥有不被轻易打倒的幸福人生。

不论年纪大小，能与外界充分联结的人自然会觉得安全，并有勇气走到第2步：游戏。这里的游戏指的是让你运用想象力主动参与具有创造性的、有意义的活动，而与游戏相反的就是依照别人的话做事。

游戏的时候，你的大脑会活跃起来。这时，你一定要好好留意，因为这是真正让你喜悦的事情。我们不可能在每件事情里都享受到游戏的乐趣。一旦发现某种活动可以让你游戏其中，并且在游戏的时候你的思维是活跃的，你就已经找到我之前说的"黄金"了。在分心者或任何人的大脑中，"挖金矿"的最好方法就是游戏。

游戏的时候，你很可能进入心理学家米哈伊·希斯赞特米哈伊（Mihaly Csikszentmihalyi）所说的"心流"（flow）[①]状态。在心流状态里，你和正在做的事情融为一体。你会忘记自己是谁、身处何处，你的大脑会发出光芒。

你尝试的活动越多，就越可能找到一种让你充分发挥想象力、享受其中，甚至进入心流状态的活动。这些活动或许是园艺、滑雪，或许是炒股，一切皆有可能。

一旦找到可以让你尽情游戏的活动，你就会想重复地做，这就叫练习，也就是第3步。游戏中产生的练习会是你真正想做的练习，你不需要任何人逼迫，进而你会养成习惯，这种习惯会伴随你一生。

经过不断练习，你的技术自然会很精湛，这就是第4步，掌握技巧。你不需要成为最棒的，但是你会取得进步。进步的感觉会强化自尊、自信与动力。

---

① "心流"是世界上杰出的创新者共有的状态。希斯赞特米哈伊在《创造力》一书中通过分析91名创新者的"心流"体验，总结出了创造力产生的运作方式。该书中文简体字版已由湛庐引进，由浙江人民出版社于2014年出版。——编者注

分心者往往自卑、缺乏自信、缺乏动力。最好的处方就是引导他们实践这些步骤，直到他们可以看到自己的进步。认识自己的能力会带给他们自尊、自信和动力。

与此同时，当你不断进步的时候，别人也一定会注意并且欣赏你的成就。这就是第 5 步，得到肯定与鼓励。肯定不但能进一步强化你的自尊、自信，还会让你和欣赏你的人产生联结。

常常偷窃、破坏或具有其他不道德行为的人往往认为自己和社会缺乏联结。相反，如果你觉得和社会有联结，就会觉得自己是社会的一分子，自然不会想要做错事。儿童分心者常常会违背游戏规则，他们有各种行为问题，甚至犯法，成年后又可能具有反社会型人格障碍。因此，对分心者来说，最好的治疗方法就是 5 步法，让他们和社会建立联系。

5 步法可以很自然地为分心者带来诸多好处：安全感、热情、对某种活动的热爱、纪律、自信、自尊、动力以及道德行为。

这 5 个步骤的循环不需要别人的恐吓、唠叨，就会让分心者发展出才华和优势，也会激发他们想要有所成就的欲望。

最后，我想指出一点，成人最常犯的错误就是立刻进入第 3 步，要求自己或孩子不断练习。这在短期内可能有效，但是长期下来所有的努力往往会被浪费。家长应该把重点放在第 1 步和第 2 步，这两步走得好，其他的步骤就会自然循环起来。

第 **17** 章

如何让分心的孩子
在学校取得好成绩

我在前一章提出了寻找终生幸福的 5 步法。这种方法老少皆宜，无论他们是否有分心的问题。但是对于儿童，尤其是儿童分心者来说，有一点尤其重要：他们需要及早建立联结、开始游戏，并找到兴趣和才华。

学校往往会留意学生的缺点和弱点，却不会发现学生的兴趣和优点。资源及设备齐全的学校会为儿童分心者提供作业辅导以及其他帮助，这些都很有用。但是如果这些帮助只是为了矫正，学生会觉得自己是个有残缺的人，必须乖乖用功，而不能进行任何娱乐活动。长期下来，这种"治疗"可能会让分心者的问题更为严重。

想要拥有快乐、满足的人生，孩子真正需要的是发挥自己的优点，而不是对缺点进行补救。然而，当我跟学校或家长提出建议，希望他们花更多时间寻找并鼓励孩子的兴趣和才华时，他们通常会说："这个想法很好，但是不切实际。"

我可以举出很多实例，证明他们的看法是错的，比如位于纽约州马马罗内克（Mamaroneck），由彼得·马斯奇（Peter Mustich）担任教育局长的艾耐克联合学区（Rye Neck Union Free School District）。

富裕社区的公立学校不一定都是好学校。艾耐克联合学区的出色，不是因为学区有钱，而是因为这里教育专业人士的智慧、热情、坚持和创意。

学区共有 1 400 名从幼儿园到高三的学生，其中 400 名是高中生。学区的目标是让社区里的每个学生都参与学习，并发挥自己的优势。他们采用的是教育家约瑟夫·兰祖利（Joseph Renzulli）开发的全校资优课程（school-wide enrichment model，SEM）。

在使用全校资优课程之前，学区中的学校本来就有专门为优等生设计的项目。参与项目的学生必须具有高智商，并且行为良好。这里的小学每个年级约有 20 名优等生。优等生的家长非常紧张，因为他们不愿意让非优等生进入优等班级。我问马斯奇为什么会启动全校资优课程时，他告诉我，因为每个学生的天赋都值得肯定，而不能只肯定少数智商高的学生。马斯奇觉得学校的教育系统必须改变。

一开始，他只是想增加优等生名额，但是他想得越深入、读的相关资料越多，尤其是读了兰祖利的书之后，就越相信每个学生都是某方面的优等生。他决定设计一套课程，将每个学生都视为优等生。虽然原有的优等生家长极力反对，但是马斯奇不为所动。

他聘请了瓦莱丽·费特（Valerie Feit）来帮助他设计课程。费特原本是一位芭蕾舞者，后来转行拿到了优等教育的硕士学位。马斯奇和费特没有降低学习要求来适应所有的学生，反而提高标准，把每所中学都变成重点学校。这意味着每个学生都必须达到更高的学习水平。马斯奇说："我们相信每个学生都做得到，问题在于我们如何帮助每个学生找到适合他们的学习方法。"

马斯奇和他的团队设计了一套课程，旨在将学习应用到现实生活中去。他们观察到，当课程内容脱离现实生活时，许多学生会失去学习兴趣和动力。老师们要试着找出每个学生的兴趣点在哪里，并根据兴趣设计课程内容。老师还要根据每个学生的需求和能力，使用不同的教学内容和方法，把学生从僵硬的课程设置中解放出来。

比如，五年级学生伯尼有阅读和写作方面的困难。他很安静内向，没有什么朋友。一般而言，即使是在最好的公立和私立学校，像伯尼这样的学生也会被送去做神经心理评估、接受作业辅导和强化学习、去资源教室上课或进行一对一家教。如果学校或家长有更多的资源，可能还会请心理咨询师帮助孩子解决适应社会问题。

但是在艾耐克联合学区则不同，特殊教育服务处的主任戴安娜·桑唐基洛（Diane Santangelo）把伯尼送到费特那里，希望找到他的优势。在采取步骤之前，费特先试着了解这个孩子。他们一起聊天，渐渐地伯尼觉得自在了，开始告诉费特他的兴趣是什么。他提到了太阳能汽车。费特研究了一下，找到一套制造太阳能汽车的工具包。学校给伯尼买了一套。那个学期，伯尼的学习计划就是用这套工具包制造一辆太阳能汽车。他真的做到了。在这个过程中，他得到了同学和老师的夸奖，阅读技巧也进步了。过了几个月，这个以前没人注意的害羞男孩竟成了班上的风云人物。

当我为了患者向学校抗议他们不应该使用僵化的课程标准时，大部分校长会说一样的话："教育政策的规定就是这样，规模大的学校必须有标准化政策。你可能不理解，但这就是现实。"

马斯奇拒绝了标准化的行政规定，建立了一个自信而专业的学习社区，并向那些校长证明他们都错了。因为费特肯花时间认真了解伯尼，而不是把他送去做昂贵的标准化评估，所以艾耐克联合学区可以把省下来的钱用在其他方面，比如那套太阳能汽车工具包。标准化评估并非无用，可是进行评估的时机，应该由家长、教育行政人员和老师共同讨论决定。

老师和老师之间的讨论往往很有效。比如，六年级的汤姆拒绝做所在小组的项目，认为小组活动没意思、不值得花时间做。许多老师提出了各种不同主题的建议，他都没有接受。

于是项目的负责人决定让汤姆担任报纸主编，让他发行自己制作的报纸。突然，汤姆有兴趣了。他找同学和老师写文章，自己一个人编辑和发行这份报纸。当他需要更多文章或某些信息时，他会通过学校广播邀稿。最后，他真的成功发行了一份报纸。

学校能够为兴趣不同的学生找到他们感兴趣的项目，这让人不得不相信或许每个学生真的都是优等生。

下面还有亨利的例子。亨利在小学时被贴上优等生的标签，但是年纪大一些之后他的成绩开始退步。到了高二，他跟费特说："其实我以前很优秀的。"他在学校没有朋友，觉得很空虚。亨利小时候很爱上学，但是长大之后，上学对他来说就只有无聊和痛苦。

费特在进一步了解亨利之后，发现他喜欢拍电影，就鼓励他拍一部自己的影片。学校给了他经费，他用自己的摄影器材开始工作。这部影片就成为他高二时的主要学习计划。突然，他得到了关注，重拾了自尊心。当他发现学校重视他的才华时，他也开始重视学校了。他发现自己仍然是个很优秀的学生。

不管学生多大年纪、学习风格如何，学校的首要任务都是寻找他的才华和优势。如果一时找不到，学校就应该设法引导出学生的才华和优势。比如，一年级的路易斯有阅读障碍，阅读和写作方面都有困难，并且没有太多兴趣爱好，仅仅是爱说话。于是学校建议路易斯的家长买个录音机给他，让他录下自己说的故事。结果不到一个月，路易斯已经能写一篇 5 页厚的儿童小说了。

在路易斯的学校，大约有 10% 的学生像他一样有某种障碍。有的是生理障碍，有的是学习障碍或 ADD。戴安娜和特殊教育服务处的同事努力做了普通班老师的工作，让这些孩子多半得以进入普通班就读。

学校非常重视学生的进步和取得的成功。学校每年一度的大事就是年底的杰出教育奖。每个学生都会得到某种奖项。有一年我应邀到这个活动上演讲。我看到每个学生都很自豪、兴奋。大部分学生是跑着上台领奖的。

原本大家不抱希望的学生也通过了各种考验，他们的表现还相当好。老师们对学生说："我们觉得你做得到，我们期待你的成果，现在去做吧！"学生就真的做到了。这证明了，高标准的期待加上富有想象力的、有弹性的教学计划可以取得成功。学校让每个学生得到正确的诊断和治疗，然后提供有效的帮助，就像我在第 16 章提出的 5 步法一样。学校和我也算是不谋而合了。

在艾耐克联合学区，老师们努力让学生没有恐惧感和羞耻感。没有人需要为自己的与众不同感到丢脸。老师相信所有的学生都是优等生。老师对自己的工作感到自豪，并且也努力追求更高的教学标准。整个学区充满了兴奋的、积极的气氛。教育就应该是这样。

第**18**章

如何帮助上大学的
分心孩子

　　我朋友的儿子埃里克患有 ADD。埃里克上大学的时候信心满满。他很高兴终于可以离家自己生活，再不用听爸妈唠叨了。他爱他的父母和兄弟姐妹、爱他的家乡，但他实在是受够了。上大学似乎是一次冒险之旅，他对这次旅行充满了快乐的想象。

　　埃里克不知道自己想学什么专业，他只知道自己不想学任何需要写期末论文或者教材很厚的专业。他想修数学、科学以及计算机等方面的课程，想看看自己对哪方面比较感兴趣。他住在兄弟会宿舍，即使熬夜也没人管。他希望自己可以很快找到女朋友，他认为大学简直像天堂。

　　然而，等到他回家过圣诞节的时候，他不知道该怎样告诉爸妈自己在学校的情况。每次和他们打电话的时候，他总是说一切顺利。确实有不少女生对他感兴趣，兄弟会的朋友也都很有趣，虽然他们会在一起喝酒，但从来没有失控过。唯一不顺利的是学习。

埃里克参加了新生培训，并选修了一些课程。头一两个星期他去上课了。但是很快他就参加了兄弟会，融入全新的世界，于是他就没办法准时出现在每一堂课上，后来他干脆什么课都不上了。同学警告他不要一直旷课，他却没放在心上。他认为，靠别人的课堂笔记以及临时抱佛脚的方式可以应付考试。他把精力都放在了交朋友上。

在学期初，他爸妈打电话来的时候，他跟他们谈起自己选修了什么课、自己多么喜欢大学以及交到了一个怎样的女朋友。

而在期中考试临近时，埃里克想要临时抱佛脚，却总是拖延，迟迟没有打开书本复习。要做的事太多了！最终，他每门科目都考砸了。当他回到家，父母问起成绩时，他只能说不知道。

圣诞节一过，成绩单就寄到家里了。埃里克私下打开看了一下，倒吸了一口冷气。他要怎样跟爸妈解释自己这么差的成绩呢？他第一学期的平均绩点是0！

每个 ADD 学生都可能有埃里克这样的遭遇。

当埃里克终于鼓起勇气告诉爸妈自己的情况后，他们目瞪口呆。怎么会这样？他不是说一切顺利吗？他为什么撒谎？出了什么错？学校怎么可以这样不负责任？埃里克怎么可以这样不负责任？这对埃里克的父母来说简直是一场噩梦，但它是真实发生的。

埃里克和父母自责、恐惧又绝望。激烈的情绪过后，他们还是坐下来准备拟订应对计划。因为他们都不知道该怎么办，所以他们决定咨询专家。之后，埃里克回到大学，他听从专家的建议，找了一位教练监督指导，经过每天不断努力，成绩终于有了起色。虽然最后的平均绩点被第一学期的零分拉下来，但他还是顺利毕业了。现在他已经结婚，有两个女儿，事业有成，生活幸福美满。

这样的故事屡见不鲜。离开家去上大学，对任何人来说都是一种挑战。如果你是分心者，困难的程度更是难以想象。如果没有事先做好准备，你很可能会把事情搞砸。

只要家长和大学新生能做些准备，就不会陷入像埃里克这么糟糕的境况中。通常，没有人会警告家长和准大学生大学的危险性，大家全部的努力都只会放在申请大学上，一旦拿到录取通知书，就松了一口气，以为终于可以放松了。然而，这可能仅仅是麻烦的开始。

想要避免麻烦，充分的信息和万全的准备至关重要。首先，家长和大学新生都要了解大学和高中是完全不同的。最大的差别就是，读高中的时候，家里有爱你的人每天关心你在学校的情况；在大学，没有人有义务关心你。在家里，有人盯着你不要看太多电视、提醒你运动、关心你的饮食；到了大学，没人会管你。

在大多数大学里，师生关系松散疏远，学校的辅导系统只应付紧急情况。除非学生有自杀倾向，否则如果只是心里觉得困惑、受挫的话，并不会被关注，也不会获得帮助。一些大学生甚至会产生极端的想法，或者失去对生活的信心，他们的人生每况愈下。

家长和学生应该事先了解，学生从家庭生活过渡到大学生活意味着从依赖和高度关怀的环境出来，步入独立。虽然孩子渴望独立，但转变依然很困难。对分心者而言，这个任务尤其艰巨。家长和学生应该学会运用各种方法面对挑战，而不是指望学生在一夜之间成长。

我还记得自己读大一时，一年的时间都被浪费了。那时，我不知道自己患有ADD，所以情况很糟糕。我从规定繁多、有结构、有老师关心的寄宿高中，进入规定很少、结构很少、没有老师管的大学。结果是，我总是很晚睡觉、喝很多酒、旷课、熬夜打牌，我从积极进取的高中生变成了混日子的大学生。

有人认为这是成长的过程，但我认为这是浪费时间，甚至可能导致悲剧。高中毕业生到了大学，完全没有准备好迎接突然到来的自由，分心者特别如此。他们没准备好为自己的生活负责，也不习惯没有成人监督。因此他们逐渐退化，把时间全花在无意义的事情上。不过最后多数人还是能回到正轨的，他们会在多年后笑着回忆自己当年有多荒唐。

但是，仔细观察，你会发现也有不少人因此惹上很严重的麻烦，甚至酿成悲剧。大学生需要更多的督导，没有成人帮助，他们可能会做出错误的决定。

对我来说，我的家人就是我的救星。他们不断关心我在做什么、我的计划是什么、我毕业以后想要做什么以及我平常都在做什么。奇怪的是，最关心我的不是我的父母，而是我的表姐乔斯琳。她比我大4岁，她的先生汤姆是骨科医生。乔斯琳总是在唠叨我、逼我面对我想逃避的问题，比如我这一生想做什么。

我也找到了一位能帮助我的老师，他就是英语系的威廉·阿尔弗雷德（William Alfred）教授。每个学生都需要跟着专业课的老师做专题研究。学院会帮每个学生指定一位导师，学生也可以自己找教授，问他愿不愿意指导。阿尔弗雷德是一位很受尊敬与爱戴的教授。我的专业就是英语，应该可以找他当指导教授，但是我总觉得自己不够格。但是乔斯琳一直催促我，让我无论如何还是要去跟他谈谈。于是某一天，上完他的课之后，我走到他面前，脱口而出："阿尔弗雷德教授，你可以当我的导师吗？""可以啊，"他说，"5点来我家，我们谈一谈，雅典街 31 号。"然后他就走了。这次谈话改变了我的一生。

在接下来的两年里，我每星期会在阿尔弗雷德教授的书房里与他单独会面一次。在他的指导下，我读了一百多部剧本，还和他进行了讨论。最终，我完成了自己的毕业论文。为了能够不辱没阿尔弗雷德之名，我一直拼命用功学习。

除了文学之外，阿尔弗雷德教授也给我的人生选择上了宝贵的一课。虽然他总是十分感伤，但是他非常热爱生命，他鼓励所有的学生在生活中全力以赴，不要有所保留。当我提出自己在考虑去读英语专业的研究生时，他很快提出反对意见。他说："哦，不要！别那么做，那样你以后会痛恨文学的。"他不像一些教授那样喜欢学生跟随自己的脚步，他要我找到适合自己的路。当我跟他说我想当医生的时候，他说："对，医生！你会是个很好的医生。我老了之后会去找你看病的！"

阿尔弗雷德、乔斯琳和汤姆，给了我最需要的结构、指导、责任与灵感。这些都是我大一时缺乏的。

理查德·莱特（Richard Light）的研究显示，在任何大学里，学生想要获得学业成就的关键之一就是找到能与之建立亲密师生关系的资深教授，而做到这一点需要运气和勇气。大学生在资深教授面前往往会感到不自在，他们需要鼓励才能接近这些"伟大的心灵"。

对于分心者来说，家里人对他每天的学校生活的关心是很重要的，不管这个人是父母、亲戚朋友还是其他任何人。

如果家长可以和孩子保持亲密的关系，那么会大幅减少埃里克遭遇的那些麻烦事发生的概率。大学不会替代家长，家长也不要假设校方会密切关注自己的孩子。

即使你的孩子不分心，我仍然建议你从他读高三时就开始为过渡期做准备。如果你的孩子分心，就更需要了。一旦孩子进入大学，你们还是要保持密切的联络，你应该帮助他适应独立自主的生活，偶尔打次电话是不够的。以下是我的 10 条建议。

高三时，开始和孩子谈论大学生活。你可以提前带孩子去参观大学校园，开车逛逛整座城市，想象一下可能会出现的情况。你不但要预计孩子的新朋友、新课程、新城市和新自由，也要想想可能发生的不愉快的情况。你可以问问孩子："以后谁叫你起床？""你去哪里吃早餐？""要去哪里洗衣服？""零用钱要从哪里来？""你觉得需要留多少钱买课本、买衣服？"孩子可能会不高兴地说："哦，妈，不要一直唠叨了！我会照顾自己的。"但是如果不事先计划好，相信我，他不会照顾好自己的。分心的孩子尤其如此。

把唠叨变成实际的计划。提醒他，你不会跟着他去上大学，他只能靠自己。让他想想，一直以来，他在什么事情上依赖你？比如帮他洗衣服、叫他起床、给他零用钱等。你只是想帮他一起计划如何独立生活而已。

一旦讲明白你不是在唠叨他，而是想帮助他做计划，就可以开始讨论细节了。不管计划的内容是什么，在家先练习，上大学之前你不再每天盯着他。当然，你们可以事先沟通好，这是为了上大学做准备，让他把高考之前的半年当成是适应大学生活的训练期，学习适应自由以及独立生活。从睡眠时间、洗衣服到管理金钱，都需要练习。即便他生病了，不要等妈妈来量体温，自己去看医生。上大学对孩子和家长而言，生活都会发生巨大的变化。因此，在这段训练期，孩子准备得越周全越好，这不只是生活历练，也包括情感和心理准备。

用你的想象力和经验，与孩子一起为日常需求制订策略。比如：

- 妈妈不叫你，早上如何准时起床。

- 妈妈不提醒你，晚上如何准时上床。

- 没有了高中的定期体育课，如何坚持运动。比如，每周在固定时间找人打球或参加校队。一般而言，孩子要尽可能参与团体运动，不要自己一个人运动，这样才不会偷懒。

- 如何保持充足睡眠。孩子要养成到了睡觉时间就关电脑、不要喝醉、晚餐过后避免摄入咖啡因等习惯以及其他好习惯。

- 怎样洗衣服。

- 如何提醒自己每天留足够的时间读书。

- 如何保持健康的饮食习惯。

- 如何做早餐或是知道早餐应该吃些什么。

- 如何管理自己的账户和信用卡。

- 零用钱应该留多少？零用钱从哪里来？

- 需要的时候，如何寻求协助。

- 如何安全地喝酒。

- 性行为的准则。

- 如有需要，如何申请属于分心学生的帮助服务。

- 学校提供帮助服务的办公室在哪里。

- 如果没有按计划做又觉得太丢脸，而不敢打电话求援怎么办？你可以告诉孩子：我们会打电话给你！你只要说实话就好了。只要我们一起努力，没有什么事情是不能解决的，但是我们必须知道问题是什么才能解决它。

　　一旦知道孩子会进入哪所大学读书，就给学校打电话，搞清楚如何能够申请特殊待遇，比如不计时考试、单人房间、外语免修等。这些申请往往很复杂，不容易成功。大部分大学至少会要一份 3 年内做过的完整的神经心理测验报告。你可以提前找精神科医生做这些测验，不要等到最后才做，因为医生们都很忙。有些大学有很棒的学习障碍支持系统，但大部分大学不见得有。不过，只要你遵照本章提供的建议，任何一所大学孩子都可以去读，不一定需要有学习障碍支持系统。

　　帮上大学的孩子找一位生活教练，这非常重要。生活教练指的是某个能够跟孩子当朋友的人，这个人了解孩子、每周可以和他见三四次，并帮助他做计划和实现目标。首先你需要说服孩子，让他了解找生活教练的好处。生活教练可以是住在大学附近的亲戚、大学或当地高中的学习障碍辅导专家或想做兼职的研究生。你可以在校园公告栏上贴广告，聘请生活教练。生活教练不需要特别训练，你和孩子可以和他解释清楚工作性质。生活教练需要了解学校的运作模式与环境，但不需要有多高的学历。最重要的是孩子要喜欢这个人，而且这个人要可靠。你应该付生活教练一些薪水，但是薪水不用像家教或治疗师那么多。

　　如果你需要更多建议，可以参考以下三本书：帕特里西娅·昆恩（Patricia Quinn）医生编的《ADD 与大学生》（*ADD and the College Student*）、凯瑟琳·纳度（Kathleen Nadeau）写的《ADD 大学生求生手册》（*Survival Guide for College Students with ADD*）以及昆恩与南茜·瑞迪（Nancy Ratey）等人合写的《协助多动大学生》（*Coaching College Students with ADHD*）。

　　一旦大学生活开始了，你要和孩子及生活教练保持密切联系。你们应该事先达成一致，以免发生纷争。如果孩子一直抗拒，就贿赂他。不管怎么做，你就是要取得监督他的许可，否则后果堪忧。我会建议家长常常打电话给孩子或偶尔亲自去看看孩子。这是为孩子好。美国的文化过于强调自主和个人隐私，从而忽视了孩子。要知道，你并不是在侵犯他的私生活，只是帮助他逐渐适应独立生活。一旦他表现出独立自主的能力，就不再需要你或生活教练的干预了。你可以慢慢退出，但是至少要监督几个月。

孩子一定要有确切的目标。包括：

- 合理的选课。
- 保持出勤率。
- 合理的读书时间。
- 准时交作业。
- 充足的睡眠。
- 每天运动（这非常重要）。
- 健康的饮食。
- 没有酗酒和其他上瘾行为。
- 交朋友。

鼓励孩子找一位他觉得有启发的资深教授，和这位教授建立亲近的关系。请生活教练鼓励并教孩子如何与教授建立联系。这位教授可能会对孩子的人生产生莫大的影响。

以上这些步骤虽然不能保证万无一失，但是会减少麻烦事出现的概率。回头想想，我刚进大学的时候，做了那么多错误的决定、浪费了那么多时间，如果没有乔斯琳、汤姆和阿尔弗雷德教授的帮助，我会怎样。我运气好，但是我们不应该靠运气生活。

　　当然，我并不是说在大学时代不能好好玩一玩，我也不是建议大学生都当乖宝宝。我只是想指出分心者上大学必须面临的危险。如果能够避开这些危险，分心者将更能享受大学生活，并在良好的环境中茁壮成长。

第19章

分心者应该吃什么

食物是最有效的药物，同时也是最危险、最常被滥用的药物。适当的饮食可以治疗和预防一些疾病，而不当的饮食则会导致心脏病、糖尿病、中风、肥胖、高血压，甚至会影响分心的治疗。

当我们谈到心智和大脑的时候，很少提到食物。这是错的，因为食物会决定大脑的工作效率。日常生活中我们最常犯的错误就是不吃早饭，或是用食物进行自我治疗，这样可能会耽误治疗计划。

如果你饮食不当，你会变得心烦意乱、冲动、烦躁不安，看起来好像有分心的问题。所以，分心的治疗计划必须把饮食习惯也考虑进去。

现代社会的信息太多了，我们很难判断要吃什么、不吃什么，无法确定哪些信息是正确的、哪些信息可能正确但是缺乏证据。但有些事情我知道只要做了就一定是对的，比如，与家人共进晚餐、和朋友保持联系以及运动等，这都会让我们更健康。

至于营养保健，我就没办法那么笃定了。很多保健品都没有确切的科学实验能够证实其疗效，因此我无法建议各位尝试。不过，饮食均衡的重要性确实有科学根据。**比如，不要摄取过量碳水化合物，因为会造成沉重的血糖负荷，刺激胰岛素过度分泌，使身体对胰岛素产生抗拒，慢慢发展成糖尿病或其他疾病。**

营养保健品的作用也在慢慢得到研究，其中 ω-3 脂肪酸的作用被医学界证实是有效的。

以下是有科学根据的建议：

摄取大量维生素 C。水果和其他食物中的维生素 C 比维生素 C 药片更好。维生素 C 可以协助调节多巴胺，多巴胺是改善分心的重要神经递质。

一定要摄取维生素 B_{12} 和叶酸。它们能提高认知能力，防止脑细胞死亡。

摄取维生素 E 和硒[①]。这两种元素可以改善脑功能。

有些研究指出过低的锌含量以及过高的镁含量可能和分心有关。但是你应该跟医生讨论之后再调整锌和镁的摄取量，否则可能有危险。

你可以每天服用多种维生素，但要小心不要过量摄取可以溶于脂肪的维生素 A、D、E 和 K。这些维生素囤积在体内，可能引起中毒反应。请跟医生讨论服用维生素的细节。最安全的方法就是只摄取每天需要的量。

———————————

① 一种微量矿物质，具有抗氧化和抗老化的作用，常作为综合维生素的添加物。

最新研究显示蓝莓和葡萄籽对大脑和身体很好。 它们富含抗氧化物，可以提高记忆力，预防阿尔茨海默病。

比起蓝莓，蓝绿藻对心智与记忆的帮助更大。 海洋蓝绿藻是许多深海鱼油中 ω-3 脂肪酸的来源。

多喝水。 喝水的好处很多。每天 8 杯水是适当的饮水量。只要你的肾脏功能良好，就不会饮水过量。但有时候年纪大的人可能会喝太多水，导致体内钠的浓度下降，从而造成危险。

许多人把银杏萃取物当成强化大脑功能的营养补充剂，但尚未有任何证据支持其功效。 银杏可能会引起血质不调（blood dyscrasias），增加中风的可能性，并和抗凝血剂香豆素（coumarin）产生反应。

每天服用 ω-3 脂肪酸。

饮食均衡。 大部分专家会建议大家少吃淀粉类食物，多吃蔬果；每餐都应该吃些蛋白质，尤其是早餐；避免吃垃圾食品，尽量吃新鲜的食物，不要吃经过包装的加工食物。

小心任何限食的饮食控制方法，因为这些方法都可能使你的代谢不平衡。 最有名的饮食控制法之一是本杰明·范尔戈德（Benjamin Feingold）发明的，用来治疗分心和多动症。范尔戈德饮食控制法需要限制任何添加物，包括精炼的糖。虽然这种方法没有太多的负面影响，但是会限制某些天然食物的摄入，比如各种莓果、樱桃、葡萄，而这些都是有营养的食物。不过，范尔戈德饮食法最大的问题还是很难实行。

有些食物对治疗特定疾病有帮助。 比如前列腺有问题的人应该多吃番茄，因为番茄富含的茄红素对前列腺有帮助。又比如，医生会让患有黄斑变性（macular degeneration）的人吃一种特别的鸡蛋。下这种鸡蛋的母鸡平常食用金盏花，鸡蛋里富含叶黄素和维生素 B_{12}。包括蛋白在内，整个鸡蛋都是黄色的。这些营养素被我们的身体吸收之后，跟着循环系统到了眼部，就会改善黄斑变性的症状。我们目前还不知道什么营养素可以治疗分心，但是 ω-3 脂肪酸可能非常有帮助，目前关于它的作用还在研究之中。

避免任何含有反式脂肪酸的食物。这类食物有花生酱、糖果、蛋糕、饼干、薯片、人造黄油、植物性奶油以及其他加工食物。食物包装标签上通常将反式脂肪酸写成"部分氢化植物油"（partially hydrogenated vegetable oil）。它可能很快就要被美国食品药品监督管理局（Food and Drug Administration，FDA）列为非法食品添加剂了。反式脂肪酸比饱和脂肪酸还糟糕，会降低人体中有益的高密度脂蛋白胆固醇，并且沉积在动脉里。

不要自作主张用食物治疗。避免吃太多碳水化合物，虽然碳水化合物会让身体分泌多巴胺，让你情绪变好，但是你可以用其他方法来获得多巴胺，比如运动、做爱及冥想等。

分心的营养治疗：ω-3 脂肪酸

过去 50 年，营养学最重要的发现就是 ω-3 脂肪酸对人体的作用。对于糖尿病、心脏病、阿尔茨海默病、抑郁症和癌症等疾病，ω-3 脂肪酸都有预防与治疗的效果。

许多人都知道，从 20 世纪 50 年代开始，美国人的饮食习惯有了大幅转变,从天然食物转为加工食物和快速食物。微波餐、麦当劳、汉堡王——出现。没有人肯花时间等待食物。为了方便,我们都买现成的食物吃,忽视了健康饮食的重要性。

很快,医生开始警告我们,不健康的饮食习惯会导致各种致命疾病,特别是心脏病、高血压、中风、癌症和糖尿病。于是营养学重新开始受到重视。

除了饮食均衡之外,医生开始运用营养学的发现,给出更加具体的建议。比如,维生素 C 和维生素 E 成为标准营养补充剂。高蛋白、低脂肪的饮食习惯成为新的流行趋势,随后是低碳水化合物及高蛋白的饮食习惯。

渐渐地,我们越来越重视饮食习惯,将食物视为可以治病或致病的"药物"了。

在医生给出的众多建议中,最重要的就是每天补充 ω-3 脂肪酸。大部分人的 ω-3 脂肪酸的摄取量都远远不足。如今美国人每天摄取大约 125 毫克的 ω-3 脂肪酸,仅仅相当于 100 年前美国人平均摄取量的 5% 而已。

ω-3 脂肪酸摄取不足会引起全身慢性发炎,因此会增加各种恶疾发生的概率,比如癌症、心脏病和糖尿病。每天补充 ω-3 脂肪酸营养剂,可以减少发炎、降低患病概率。一旦研究确定了对于个体来说正确的剂量是多少以及如何摄取最有效,ω-3 脂肪酸可能会成为下一个特效药。

但是我们现在掌握的信息已经足够让我们采取行动了。除了维持健康之外,ω-3 脂肪酸也可以增加脑内的多巴胺浓度。患者在服用治疗分心的药物时,多巴胺浓度也会提高。因此,虽然尚未经过研究证实,但是我们可以想象,ω-3 脂肪酸可以为分心者提供有效的治疗。

摄取 ω-3 脂肪酸有很多方法，比如鲑鱼、沙丁鱼、鲔鱼体内都含有很多 ω-3 脂肪酸，直接服用鱼油也可以。亚麻籽和亚麻籽油也含有很多 ω-3 脂肪酸。人体无法合成 ω-3 和 ω-6 不饱和脂肪酸，所以必须定期摄取。大部分西式餐饮中含很多 ω-6 不饱和脂肪酸，但是 ω-3 脂肪酸的含量很少。埃文·卡梅伦（Evan Cameron）医生认为："居高不下的心脏病和癌症人口的比例可能反映了人们鱼油摄取严重不足的现象。"

虽然我们需要 ω-3 脂肪酸，但维持 ω-3 和 ω-6 不饱和脂肪酸的均衡也很重要。其中最重要的是一种 ω-6 不饱和脂肪酸——花生四烯酸（arachidonic acid，AA）和另一种 ω-3 脂肪酸——二十碳五烯酸（eicosapentaenoic acid，EPA）之间保持均衡。一般人的饮食里含有的 ω-6 不饱和脂肪酸比 ω-3 脂肪酸多很多，因此 AA 和 EPA 的比例不均衡。血液中 AA 和 EPA 的比例应该在 1.5 : 1～3 : 1。如果你的血检报告显示 AA 和 EPA 比例不正常，就可以开始调整饮食习惯了。

即使你不做血液检验也没关系，只要记住，孩子每天需要 2.5 毫克 ω-3 脂肪酸，成人则需要 5 毫克，每天服用一两粒鱼油就足够了。

第20章

改善分心的妙方：
动动身体、动动脑

当一些上了年纪的分心者问我能不能不运动时，我说："当然，只要动动你觉得需要的部分就好了。"

你不需要变成职业运动员，只要每天运动半小时就够了。你也不用去健身房，快走就可以了。每个人都应该运动，运动不但对身体好，对大脑也好，对分心的治疗尤其有益。

大家都知道运动可以增进血液循环、强健骨骼、降低胆固醇、保持肌肉弹性、减掉赘肉、降低成人患糖尿病的风险、降低中风概率、提高免疫力以及增强耐力等。

大家不知道的是运动对大脑的影响。运动的时候，大脑中的血液会增加，氧气也会跟着增加。运动会刺激身体分泌大量营养物质、激素、神经递质的前驱化学分子、生长激素等，这些都是大脑发挥最佳功能需要的物质。运动也会刺激脑源性神经营养因子（brain-derived neurotropic factor，BDNF）的分泌，这种因子会进一步刺激新神经细胞的成长。因此，运动不但刺激心脏，也刺激大脑；不但提供养分，也帮助大脑清除废物。

除了运动，大脑也需要养分。大脑需要 ω-3 脂肪酸（鱼油中含量很丰富）。现代人的饮食中非常缺乏 ω-3 脂肪酸的摄入，因此需要注意补充。这一点我们在第 19 章已经介绍过了。

定期运动还可以预防抑郁、焦虑和阿尔茨海默病。运动可以提升心智功能，让人的反应更灵敏。

对分心者而言，运动尤其重要。它可以提升注意力、延长专注的时间以及保持警觉力。坚持运动可以增强心智的忍耐力，减少精神疲劳。

运动不但有预防疾病的作用，也有紧急治疗的作用。假如你正在清理账单，或者正在准备考试，却无法专心，那么运动会有很大的帮助。与其去冰箱找食物或是喝一大杯咖啡，你可以先站起身做 25 个开合跳，或是楼上楼下跑几趟。那样你的大脑会重新开机，会觉得又有能量继续工作或学习了。

不论是儿童还是成人分心者都应该将运动列入治疗的计划中。在学校，罚站、罚坐和不准下课都不是管理儿童分心者的好方法。如果老师必须处罚孩子，可以罚他做一些体力活动，比如帮老师拿东西或到操场跑步等。家长也要注意，不要因为孩子成绩不好就不让他运动。运动和成绩一样重要，孩子每天都应该有时间运动。

成人也需要每天运动，不论是治疗分心，还是维持脑部的最佳状态和身体健康。

神奇的动脑练习让你更专注

动脑练习可以让大脑保持年轻和活力，就像运动可以保持身体健康一样。当然，用脑过度也会导致身心疲惫。不过，总的来说，每天动动大脑确实是对抗大脑老化的最佳方法。

不同的脑部练习可以激发大脑的不同功能。俄罗斯的体能研究专家认为，心智专注可以提升生理健康。我的运动教练西蒙·扎尔斯曼（Simon Zaltsman）是俄罗斯人，他教给我一些练习方法。扎尔斯曼曾经是俄罗斯的专业运动员，移民美国之后做了运动教练。他喜欢强调，我们最大的限制就是自己给自己设定的精神限制。如果我跟他说我不会某项运动，他总是微笑着说："去做！你可以的！你做了就知道。"如果我坚持下去，总会做得到。

下面这些练习非常具有挑战性。第一次做的时候，如果你感到生气或受挫，也无法一次完成的话，不要为此感到意外。正如扎尔斯曼说的，"你做得到，坚持下去"。如果每天练习一次，你就会发现自己保持专注的时间比以前长了，注意力也在提升。

- 左右手两边各放一张白纸，两手各拿一支铅笔。在右手边的纸上画一条直线，同时在左手边的纸上画一个圆形。重复 3 次，然后左右图形交换，重复同样的练习。
- 用同样的程序，一只手画三角形，另一只手画正方形，然后交换左右图形。
- 一只手画圆形，另一只手画三角形，然后交换左右图形。
- 一只手画两个圆形，另一只手画一个正方形，然后交换左右图形。
- 一只手画两个正方形，另一只手画一个三角形，然后交换左右图形。

- 一只手画三角形，另一只手画正方形，同时用一只脚在地上画圆形，然后交换左右图形，同时也换另一只脚画圆。
- 一只手画圆形，另一只手画三角形，同时用一只脚在地上画正方形，然后交换左右图形及换脚。
- 一只手画三角形，另一只手画两个三角形，同时用一只脚在地上画圆形，然后交换左右图形及换脚。
- 一只手画三角形，另一只手画正方形，一只脚在地上画圆形，同时把头往前点两下再往后点两下。
- 右手画三角形，左手画正方形，右脚在地上画竖线，左脚在地上画横线，然后交换左右图形。

这看起来非常困难，对不对？但是不要绝望。记住扎尔斯曼的话，每天花10 ~ 15 分钟练习，你会做得越来越好。这就像去健身房一样，重要的是坚持。慢慢地，你就会看到成效，你的注意力会提升，组织能力以及控制冲动的能力也会提升，你甚至会发现自己变得越来越协调。

治疗分心的特别运动：小脑刺激

我想先讲讲我儿子杰克的故事。

杰克在 1992 年 5 月 12 日出生。他从我这里遗传了分心和阅读障碍。杰克非常有创造力，拥有出人意料的幽默感。在他 10 岁的时候，我问他长大后想做什么，他想都不想就说："养鸡。"

　　我完全不知道他为什么想养鸡。但杰克就是这样，你永远猜不到他的想法。有一次，我们全家五口外出旅行。趁着其他人熟睡的时候，杰克把我们脱下的衣服绑在一起，做成一条绳子系在房门和窗户间。他说："这是晾衣绳！"

　　虽然我很高兴杰克有这么活跃的创造力，但是我还是很担心，因为他不爱读书。他喜欢别人读书给他听。虽然他有能力阅读，但是从来不喜欢。我越是逼他读，他越是不喜欢。

　　杰克六年级的时候，学校规定每天要阅读半小时。每天晚上，盯着杰克读书变成家里的一件大事。有时候，因为读书他甚至会哭起来。我真是不愿意看他受苦，可是又希望他在学业上有进步。

　　于是，我向好朋友普丽西拉·韦尔（Priscilla Vail）求助。韦尔专攻学习障碍，是一位有能量且充满爱心的女士。20 世纪 80 年代，她写了一部经典作品，《聪明孩子坏成绩》（Smart Kids with School Problems）。她比别人更早发现，学校中的问题学生往往正是最有天赋的学生。韦尔毕生都致力于帮助这些孩子发挥自己的优势，她把这些孩子统称为"谜一样的孩子"。

　　当我求助于韦尔的时候，我不但知道她是这个领域的专家，还知道我可以完全信任她，这一点十分重要。专家好找，有智慧又有爱心的专家则不多见。

　　我向韦尔介绍了杰克的情况，她介绍我们去琳恩·梅尔策（Lynn Meltzer）医生那里。梅尔策为杰克做了测评。评估结果证明杰克患有 ADD。梅尔策建议杰克服药。药物让杰克更有条理，能更流畅地阅读和写作，也能与老师和同学更好地互动了。一旦他的注意力得到改善，其他一切就都跟着改善了。

　　但是杰克仍然很痛恨阅读，他的问题和我很像。虽然我很喜欢故事，但是把书上的文字装进脑子里对我来说很困难。我感到很费解，为什么这个有创造力、语言能力也很强的孩子如此讨厌阅读呢？我们还能做些什么呢？

后来我遇到了温福德·多尔（Wynford Dore）和他的工作伙伴罗伊·罗瑟福德医生。他们发明的新方法，就是我在第 13 章提到的，用小脑刺激来帮助分心、阅读障碍和运动障碍的患者。他们告诉我，如果坚持每天两次、每次做 10 分钟小脑刺激练习，在半年到一年的时间里，大部分分心者都会取得长足的进步。不但他们的阅读能力、组织能力和注意力会得到提升，自信和自尊也会增强。内向的孩子会变得开朗，安静的孩子会开始参与课堂发言，手脚笨拙的孩子会变得协调。

这些小脑刺激的练习包括站在底部呈圆弧形的平衡台上练习保持平衡、连续抛接 3 个沙包、左右转动眼球、单脚站立以及其他许多强调平衡、协调和交换动作的练习。

很快，我发现各种刺激小脑的练习都可以提升心智、情绪、身体的敏感度和协调能力。我也了解了建立在教育肌动学原理上的课程——健脑操，运用动作、平衡、协调性训练来提高学习能力及治疗分心。许多家长和老师强烈推崇这种方法，但是此方法仍然缺乏科学证据的支持。

我们都知道运动对心智发展有积极作用。运动可以帮助治疗分心、抑郁症、焦虑症以及各种精神疾病，但是精神病学界仍然主张将运动和主流的治疗方法分开，反倒是家长在极力推广运动治疗。出于爱和绝望，家长愿意尝试任何方法，一心想要找到有效的解决方法，专家反倒会受到专业训练的限制。

就像其他家长一样，我急切地到处找方法，从可信的人口中得到各种互相矛盾的意见。我试着保持开放的心态，同时充满怀疑，我不想受骗，但是也不想错过任何可能有效的方法。作为一个研究分心的专家，如果我自己都会觉得困惑，想想看其他家长的感觉会如何吧！

这时我读到了克朗诺威兹写的《帮孩子找到缺失的"感觉拼图"》。根据职业治疗师琼·爱丽丝（Jean Ayres）博士的感觉统合理论以及克朗诺威兹自己的多年经验，《帮孩子找到缺失的"感觉拼图"》说明了运动如何影响学习与情绪。这是一本很重要的书，很多人视之为治疗感觉统合失调的经典之作。

分心和感觉统合失调的症状有一些相似之处。同一个孩子，儿童精神科医生可能诊断为 ADD，而职业治疗师可能诊断为患有感觉统合失调。谁都没错，诊断结果取决于医生的专业领域及从医经验。

我去多尔中心给自己做了评估，结果是，我的小脑确实有问题。了解了多尔的运作方式后，我们决定让杰克也去做个评估，并让他每天早晚在家里做练习。他很喜欢做这些练习。

坚持每天两次、每次 10 分钟的练习，6 周后杰克对阅读的态度已经发生了改变。3 个月后，他已经期待起了每天晚上的阅读时间，现在的他甚至已经舍不得放下书关灯睡觉了。

当然，单单一例患者并不足以证明什么。但是在我看来，这样的结果是惊人的。

我想，杰克之所以会这么讨厌阅读，可能是因为他的眼睛无法很流畅地扫过一行文字。对大多数人而言，这种能力与生俱来，但是有的人缺乏这种能力。小脑练习可以加强眼球的控制能力。

不管怎样，我非常高兴能够为杰克找到一个有效的方法，而且还是在他很小的时候找到的。

多尔中心最年长的患者是一位 86 岁的女士。她从前不能阅读或写作，做多尔练习 6 个月后，她说："大家说人生是从 40 岁开始的，我觉得我的人生从 86 岁才开始。"

但是多尔疗法也饱受争议。在《60 分钟》（*60 Minutes*）节目报道了多尔疗法之后，研究并治疗阅读障碍几十年、声誉卓著的国际阅读障碍协会立即发表声明反对这一报道，指出多尔疗法的效果未经科学实验证明。国际阅读障碍协会鼓励大家寻求已经被证实的、有效的治疗方法，而不要把时间和金钱浪费在未经证实的方法上。

我非常矛盾。一方面，我不想愚蠢地有病乱投医；另一方面，我亲眼看到了杰克发生的转变。传统的家庭教育和药物都帮不了他，多尔疗法却做到了。我们并没有让杰克停止家庭教育和药物治疗，每种治疗都在以不同方式起作用。刺激小脑的练习的确有别的方法不可替代的作用。

我意识到，我需要学习，医学界也需要学习。我知道接受新观念有多难，我也知道绝望的家长会多么轻易地接受任何能带来希望的治疗方法。

我知道多尔疗法不会伤害孩子，但是我还是要提醒大家不要无谓地浪费金钱或是忽视传统的治疗方法。

经过不断探索，我确实阅读到一篇结论支持多尔疗法的研究报告。但要确定它是有效的治疗方法，我们还需要更多的研究报告，而研究需要花很多年。

我觉得，既然多尔疗法很安全，就不妨介绍给别人。只是我会提醒他们先尝试传统的治疗方法，如果没有效果，或许可以考虑将多尔疗法作为辅助治疗的手段。

起初，通过身体运动来调节情绪和认知能力的这个概念在我看来很奇怪，但是我了解得越多，就越觉得有道理。比如，人在散步时往往比坐着时思考得更清楚，瑜伽、太极都可以改善情绪和心智状态，而一直以来舞蹈被认为是一种有效的心理治疗工具和情感抒发方式。

那么为什么要针对小脑进行练习呢？最新的脑科学研究显示，小脑在整个大脑中的作用比我们想的要大得多。脑部扫描显示小脑的某些部分和前额叶以及大脑中的其他区域之间存在联系，正是这些部分与分心和阅读障碍相关联。

随着研究的深入，我发现越来越多的证据支持小脑刺激在治疗阅读障碍和分心上的重要性。2003 年，戴维·雷诺兹（David Reynolds）在《阅读障碍》（*Dyslexia*）期刊上发表了一篇报告，标题是《阅读障碍儿童的运动治疗评估》（*Evaluation of an Exercise-Based Treatment for Children With Reading Difficulties*）。在这项研究中，不同的研究者针对英国一所学校中 35 个有阅读障碍的中学生做研究。这群学生经过阅读障碍筛选测验（Dyslexia Screening Test）被确定有阅读困难。他们被分为两组，一组做小脑刺激练习，一组不做。半年后，做练习的这组被试在灵巧度、阅读能力和口语表达能力上的进步都比控制组更明显，在标准测验中的阅读、写作和理解的成绩也有进步。

在读了这篇报告之后，我立刻去参观了这所学校。校长特雷弗·戴维斯（Trevor Davies）当时 55 岁，已经在教育界工作了 34 年，当了 22 年校长。戴维斯也是英国教育标准局（Office for Standards in Education）的成员，是位备受尊敬的教育专家。他说："我从来没有见过能这样影响孩子学习能力的方法，没有任何一种方法能够这么有效。"

当我问起关于阅读困难的标准治疗方法，比如培养音素意识时，他说："也很有用，可以帮助孩子适应教学。这些方法教会孩子学习策略，但是治标不治本。多尔疗法则不然。家庭教育给孩子的影响远不及小脑刺激练习。我们现在已经有 50 个学生参与到这个项目中了，其中只有两个尚未见到成效。"

他提醒我："恐怕其他校长不敢用这种方法，他们担心学校被贴上特殊教育的标签。但是我们学生的测验成绩是直线上升的。我们仍需要许多努力才能打破目前存在的偏见。"

和戴维斯校长谈话后，我更加相信小脑刺激的价值了。即使尚未有足够的研究支持，我仍愿意鼓励大家一试。为了促进这种疗法的推广，我找了一家专门接收有学习困难孩子的学校，校长非常开明，听了我的描述，立即表示有兴趣在教学中使用这种方法。现在，她的学校里有 17 名学生做小脑刺激练习，半年后就可以评估他们的进展了。

我必须承认，我现在是多尔中心的顾问。或许因此我不够客观，可是我看到的案例越多，就越相信这种方法，并认为这是标准治疗的有效辅助方法。

为了了解更多，2003 年底我去英国参观了多尔中心的总部，跟那里的家长和学生会谈。一位母亲说："西蒙五六岁的时候，数学没问题，但是阅读很困难。学校也说他没问题，后来是阅读障碍学院（Dyslexia Institute）诊断出他有阅读障碍。他的智商评分是 120，但是阅读、拼字、理解能力都落后其他同学一年半。

"我们出钱请了一年半的私人家教，一年 4 000 美元，却看不到西蒙的进步。西蒙学到一些好的学习策略，他记得住，却不会运用。他的信心跌到谷底，老师常常责备他。直到他 10 岁的时候，校长建议我们尝试多尔疗法。

"虽然我们同意尝试，但其实我丈夫对这一方法持怀疑态度。一开始，西蒙的状况变得更糟糕。他变得有破坏性，完全无法专注，但是渐渐地，我们开始看到他的积极变化。他取得了进步，并获得信心。以前说不到一句话的孩子现在开始在课堂上发言了。

"9 个月后，测验的结果显示，他的学习能力从落后同学一年半变成领先一年半。他的名次从第 110 名进步到第 50 名，英语还拿了 3A。"

在多尔中心，我听了许多类似的故事。一个在学校没有任何朋友的小男孩，参加多尔计划之后进了足球队。一位女士原本有阅读及写作困难，非常缺乏自信，参加多尔计划半年之后，她充满信心地辞职，并找到了更适合自己的工作。

伦敦一家多尔中心的负责人说："大家常常意识不到自信和学习表现之间的密切关系。如果你无法好好阅读、无法专注，你会一直觉得自己是个旁观者，缺乏自信。你会退缩，不想说话。一位母亲曾哭着跟我说，看到儿子在学校公开独唱她特别感动。使用多尔疗法之前，他完全不肯跟人说话。"

当我问到进行多尔计划遇到的问题时，负责人说："最大的问题是如何才能让孩子坚持投入这个项目。积极的改变是循序渐进的，通常需要 6 个月以上才能完全见效。从第一天到第二天，你看不到任何改变。但当孩子们隔了 6 个星期回诊的时候，我们可以看到改变，因为我们能够看到他们现在和 6 个星期前的差异。孩子需要很多鼓励，才能日复一日地做这些练习。虽然只是每天两次的 10 分钟练习，但还是需要孩子和家长的坚持才能进行下去。能够完成的人很高兴自己坚持下来，但是也有中途放弃的。"

在我问负责人为什么喜欢做这个工作时，她说："有一个男孩子总是熬夜不睡觉，他妈妈发现他三四点了还不睡，问他为什么，他说他舍不得睡，因为在学校他总是被欺负，只有在家里的时候他才是快乐的。所以他想尽量延长在家的时间。但经过治疗之后，他在学校交了新朋友。这就是我为什么喜欢这份工作。"

当然，这些孩子取得进步也许只是因为这 6 个月得到的鼓励和关注。我们需要更多研究来证实这个方法确实有效。

现在，我们仍不了解小脑对学习的影响。小脑虽然像核桃一样小，但是褶皱非常多，如果铺平了，表面积相当于半个大脑。更惊人的是，**小脑含有脑部一半的神经元以及脑部一半的血液容量**。为什么会这样呢？大自然不会无谓浪费资源。

一直以来，小脑的功能被认为只是调节重复的动作和保持平衡，但事实一定并非如此。神经科学家詹姆斯·鲍尔（James Bower）和劳伦斯·帕森斯（Lawrence Parsons）在 2003 年的《科学美国人》（*Scientific American*）杂志刊登了一篇文章，指出："小脑可能在短期记忆、注意力、控制冲动、情绪、高等认知以及做计划等能力上扮演着重要角色，甚至与精神分裂症及孤独症有关。"

因此，刺激小脑可能会提升各种脑部功能，包括改善阅读、协调及运动能力。

虽然多尔疗法是否有效仍待证实，或许将来的研究会显示，散步也会有相似的作用，但是，我相信多尔疗法以及其他类似方法值得一试。这些治疗方法应该加入传统的治疗计划中。虽然它们不像家庭教育及药物一样经过足够的科学证实，但是确实对许多人有效，值得介绍给新患者尝试。我们至少可以提醒分心者还有哪些辅助疗法，然后让他自己决定要不要尝试。

第21章

分心者用不用吃药，吃什么药

目前，对于分心者来说，最难做的决定就是是否服药，对于儿童分心者的家长来说，这个决定更为困难。

我的三个孩子中有两个患有 ADD，所以我知道那种感觉。虽然我自己是医生，有几十年的临床经验，对药物也有专业的认知，但是当我必须帮孩子做决定时，我还是毫无头绪。我和太太讨论过很多次，和不同的医生也协商过很多次，才决定给孩子们用药。我很高兴我们做了这个决定，药物确实能给分心者提供很大帮助，但这仍是一个很困难的决定。

从家长的角度来看，这个决定会如此困难的部分原因是对药物所知甚少，甚至家长可能听过许多关于药物的负面评价，而此时你面对的又是你最爱的人。毕竟，连我这种有专业知识的人都感觉很困难，何况普通人。

从医学角度看，这个决定并不困难。只要依照医嘱，治疗分心用的药物就像青霉素或阿司匹林一样安全。医学界于 1937 年首次使用这些药物，到现在有几十年历史了，我们已经累积了大量研究资料和临床报告。大型比较研究显示，药物是所有分心治疗方法中最有效的。

我会建议你先和医生好好谈谈，把资料收集齐全，然后和伴侣或其他亲人坐下来谈一谈。不要相信网络上流传的资料，网络上有很多错误或有偏见的信息，非专业人士很难分辨真伪。

如果你找不到了解治疗分心药物的医生，可以到医院等医疗机构的精神科询问。

你也可以查阅工具书，但是要小心，有些书是从反对用药的角度出发的，且充满成见。如果你已经倾向于不给孩子用药，这些书只会加深这种倾向。我建议你读蒂莫西·威伦斯医生（Timothy Wilens）写的《畅谈儿童精神药物》（*Straight Talk About Psychiatric Medications for Kids*）一书。

当你真正开始考虑是否用药时，我只能提供一些基本原则和信息作为参考。

首先，最重要的是不要忘记你才是有最终决定权的人。除非你觉得服药很舒服，否则不要服药。你可以选择和人聊天、收集资料或者花点时间思考，永远不要背离自己的感觉或判断，不要被任何人逼着做决定。或许你会花几周、几个月甚至几年的时间，才想尝试服药，也可能永远都不想，这都没关系。这总比你被逼着或者你逼着孩子服药好。

被逼着服下的药物，效果不会好，患者也不会坚持长期服用。

在这个前提下，我要再次重申：我们用来治疗分心的药，只要按照说明或医嘱服用，都是非常安全的。

你一定要找有治疗分心经验的医生，才能确保他开出合适的药物，然后一定要遵照医嘱服用。

当然，我们都会对药物有种特别的恐惧，我们想知道如果用药后才发现有副作用要怎么办呢？新闻中一些负面例子大家仍记忆犹新，一些通过药物管理局核准的药物，后来却在临床上发现了严重的不良反应。

我们要记住，治疗分心的药物已经使用了几十年，如果患者有不良反应，早就已经出现了。不过，以前的医生以为患者过了青春期，分心就会自动消失，因此分心者不用长期服用药物。但是现在我们知道成人也有分心者，如果终身服用，我们自然会担心长期服药带来的影响。

这一点还有待观察，但是我们可以看看长期服用的另一种兴奋剂——咖啡因。咖啡的副作用如果有，那就是立竿见影的。有些用老鼠所做的研究认为长期服用咖啡可能引起癌症。治疗分心的药物也有同样的说法，但是概率微乎其微。

一般人认为安全的成药，比如阿司匹林，其危险性其实比兴奋剂更高。每年有上千人因为服用阿司匹林中风或肠胃出血，还有些人因此死亡或瘫痪。每年还有上百人服用过量的阿司匹林自杀，我们却认为阿司匹林是安全的、家庭必备的药物。

没有哪一种药物是完全安全的。每次服药前，你可以想一想，这种药物的疗效是否比可能的副作用大？你也可以从另一个角度问自己，不服药的"副作用"是什么？

我知道药物很安全，但是如果不是必要，我还是不愿意让孩子服药。虽然孩子读的是好学校，学校里有好老师，班级的学生人数也很少，但孩子还是跟不上学习进度。我太太和我认为，孩子在学校跟不上学习进度所受到的伤害远远超过了服药可能引起的副作用。

此外，大家还忽视了一件事，那就是一旦停止服药，药物的效果就会立刻消失。这些药物的药效通常在 4 ～ 12 小时之间，之后就消失了。

也就是说，这些药物的影响不是长期的，并不像外科手术那样不可逆。但是许多人还是会担心长期服药的负面影响，许多成人分心者会问我：“如果服药让我丧失创造力怎么办？”

我会回答：“那样的话，你的创造力过几小时就回来了。”药物的作用，不论好坏，都无法持续 12 小时以上。在最糟糕的情况下，你可能会变得非常躁动不安，虽然这种情形不常发生，但如果发生也有办法控制。

当然，还有其他糟糕的情况。比如，理论上，药物过敏会导致休克或死亡。在你第一次吃某种东西的时候，这种过敏反应就有可能发生，不管是一粒药或一粒花生。你可能会产生痉挛，但我们已知的兴奋剂可以降低痉挛发生的概率。药物还可能会阻塞呼吸道，引起喉头痉挛而导致死亡。因此，服用任何药物都有风险。

绝大多数的案例显示，药物的副作用可以通过减少药量而得到控制。我们的目标就是用最小的副作用换取最大的治疗效果，让分心的症状消失。“最小”的副作用指的可能是胃口欠佳或暂时性头痛，但并不至于引起体重减轻或血压上升及心跳加快。如果你有更严重的症状出现，我会建议你减少药量或是完全停药。然后你可以试用另一种药物。

除了副作用之外，因为兴奋剂也是处方药物，所以大家还会害怕服药上瘾。然而研究显示，在儿童分心者中，没有服用兴奋剂的儿童比服用兴奋剂的儿童更容易染上毒瘾。药物不但不会让孩子吸毒，反而会使他们远离毒品。

但是，还是存在滥用刺激性药物的可能性。药物确实有其危险性，因此医生必须认真告诫分心者，并且仔细监督他们的用药情况。

作为患者或家长，你必须衡量利弊再做出决定。分析时，你一定要记得把不服药的后果也考虑进去。重要的是，目前，所有的临床研究都支持用药。你不用立即开始服药，不要急，先做功课，不要让恐惧和偏见帮你做决定。

如果你决定服药，我还要提醒你一件事情：药物的最大风险是医生开处方时的态度。开处方的时候，医生必须小心。不论患者年纪大小，如果分心者认为他服用的是"笨蛋吃的药"，那么服药就会对他造成巨大的心理伤害。

药物不会让分心者更聪明或者更安静，它只会让分心者更专注，因此他会表现得更聪明或是更安静、更有条理，就像眼镜能让近视患者看得更清楚一样。

最后，你应该了解，没有任何单一的治疗方法能像药物治疗一样迅速且有效，如果能够搭配其他的治疗方法，比如教育、建立结构、改变生活方式、运动、聘请生活教练以及拓展自身才华，治疗效果会更好。

使用得当的话，药物可以帮助 80% ～ 90% 的分心者。这意味着有10% ～ 20% 的分心者无法从中获益，或是因为副作用而必须停药。

了解这些事实之后，你现在应该可以做出决定了。记住，决定权在你手中。如果你决定服药，要记住这一切是可逆的；如果你不喜欢服药的感觉，随时可以停止。

如果决定服药，该选什么药

我们用药物治疗分心的目标，是把扰人的症状（所谓的"目标症状"）减至最低或完全消除，却不引起副作用。你需要跟真正懂得这些药物特性的医生合作，才能达到或是接近这个目标。

治疗分心的药物很多，药物组合的方式也很多。如果你愿意考虑用药，不要等到最后才试。这些药物非常安全、有效，如果要试，就应该在治疗开始的时候试，而不是等到最后没其他办法时才试。

确实，药物是最直接、最有效的治疗方式，但我也要强调，这并不表示你必须用药。你应该等到能接受药物之后才开始用药。

治疗分心的药物大致分为两种：兴奋剂和类兴奋剂。

兴奋剂

大家总是觉得奇怪，为什么兴奋剂可以帮助分心者。毕竟，分心者没有服药就已经看起来兴奋过头了。实际上，兴奋剂这个名词是造成误解的原因。我们要想象，兴奋剂其实是在刺激大脑的刹车系统，刺激抑制回路。分心者不容易抑制输入的信息，因此容易分心。另外，他们也不容易抑制输出的信息，因此容易冲动、多动。兴奋剂会刺激负责抑制的神经，帮助他们减少分心、冲动和多动的现象。就像汽车刹车系统一样，兴奋剂让大脑慢一点，以便控制。

兴奋剂或其他治疗分心的药物可以改善注意力、提升心智功能（比如做计划、分辨轻重缓急以及组织能力）。药物让大脑聚焦，就像眼镜让视力聚焦一样。分心者一旦心智专注了，其他表现也会跟着好起来，他们会更有耐性、不容易发怒、比较有组织秩序、更能好好地利用自己的创造力以及获得其他能力。只要注意剂量，药物副作用可以减至最低。

许多分心者会很惊讶地发现，药物也会对他们的情绪、焦虑及攻击性产生正面影响。我们会预先警告他们，这些药物可能会引起焦虑、紧张或易怒等情绪，但事实上，大部分心者刚好相反，他们会变得冷静、放松。

焦虑和紧张是演化出来帮助我们面对危险的工具。当我们无法专注的时候，我们身处危险中。我们常常会被吓到，情绪会比较焦虑，而兴奋剂帮助我们专注，因此可以减少焦虑。

常用的两种兴奋剂是哌甲酯（Methylphenidate）和苯丙胺（Amphetamine）[1]。有许多研究资料显示这些药物非常有效，也有大量的临床经验可以参考。因此，如果你准备服药，使用兴奋剂会是个好选择。

如果一种兴奋剂无效，另一种也许会有效。比如试过哌甲酯类的利他林（Ritalin）、专注达（Concerta），但是看不到效果，就可以试试苯丙胺类的兴奋剂，比如阿德拉（Adderall），效果可能很好。

不同的兴奋剂之间最大的不同是药效长短。当我们写《分心不是我的错》的时候，还没有缓释型兴奋剂，你必须每天服药两三次，甚至四次。这是个重要的问题，因为：

首先，患者很难记住服药。有一次，患者跟我说："我怎么会记住服用帮助我记事的药物呢？"

---

[1] 治疗 ADHD 的中枢兴奋剂，我国目前批准使用的仅有哌甲酯速释剂和缓释剂，药品名称为专注达。关于本书中所有药品，如有必要，请在医师指导下，严格遵医嘱服用。——编者注

其次，许多学校的学生会不好意思去学校医护室排队服药 [①]。因此不管多么有帮助，他们还是不肯服药。

最后，药物的效果会很快消失。药效降低时，很多人会感觉到从前的症状忽然全部涌出来。

在分心治疗的研究中，最大的进展就是长效型兴奋剂的出现。这个突破来自专注达，一种缓释型哌甲酯。专注达用的是麻省理工学院发明的一种帮浦释出技术（push-pump）。这种技术用的是一种特殊释出机制，无法磨碎，所以分心者无法滥用。分心者吞下药丸之后，外层会被消化，胶囊被释出进入血液循环，之后当水分逐渐渗入，胶囊中的药物会逐渐释出。血液中的药物浓度可以维持 8 ～ 12 小时。

长效专注达问世之后，又陆续有其他长效型兴奋剂问世，包括长效型利他林、缓释型苯丙胺缓释制剂。

长效型利他林和专注达类似，但是服用后有比较多的哌甲酯会被立即释放出来，因此可以提供分心者每天早上需要的启动能量。这被称为双效释出（bimodal release），一半的药物立即释出，另一半药物在四五个小时后逐渐释出。长效型利他林采用的是一种新型的生物科技，它会形成无法磨碎的圆珠，因此更难滥用。如果压碎了，这些圆珠会碎成很锐利的尖刺，吸食后鼻腔黏膜会特别痛苦。只要吸过一次，就永远不想再尝试了。

这种装了小圆珠的药囊，还有专注达没有的一个好处，即可以把药囊打开，把里面的小圆珠洒在早餐上或苹果酱中，不会吞药丸的孩子可以吃下去。

---

① 美国政府严格规定，即使只是退烧药或一般成药，学校的学生也必须在有执照的医护人员的帮助下服药。

苯丙胺缓释制剂也是圆珠型双效释出，和长效利他林一样。二者的不同就是，一个是哌甲酯，另一个是苯丙胺。二者都有效，但是对某些人而言，可能其中一种会更有效。想要知道何者比较有效，就必须两种都尝试过。

这些长效型兴奋剂大幅改善了治疗分心的药物的效果。现在你可以每天只服药一次，而不再需要服用帮你记住服药的药物了。如果是儿童，也不需要去医护室找护士拿药。这些药物也不会像短效型药物那样引起情绪的明显起伏。

最后这一点特别重要，因为分心最让人痛恨的就是情绪起伏不定。这可不是一件小事情，经常兴奋、愤怒、注意力不集中、不专注以及情绪的起起伏伏会让你的工作效率低，会让你成为不可靠的人。他人无法信任你，你自己也无法信任自己。你可能会失去很多机会、会失去信心，并渐渐失去努力的动力。分心成人常常避免参与一些持续性的活动或课程，因为他们害怕自己不能持之以恒。

有了长效型药物，你就可以拥有平衡而稳定的注意力、情绪和兴奋度。这会让你觉得每一天、每一小时，自己还是"同一个人"。就像我的一位患者说的："可以连续释出能量，而不是胡乱发射神经信息。"在这种状态下，你可以保持整天都是"同一个人"。

服用长效型药物起初还是会有症状反弹的现象，但是比短效型药物的反弹现象要少得多，也不会那么严重。

类兴奋剂

很多人就是不肯服用兴奋剂。如果你不肯用兴奋剂，还可以选择其他药物。

金刚烷胺（Amantadine）起初是一种抗病毒药物。有位医生给一群帕金森病患服用金刚烷胺，后来他们的帕金森症状明显得到改善。经研究发现，金刚烷胺可以刺激大脑分泌多巴胺。多巴胺浓度增加会有效抑制帕金森的症状。

多巴胺浓度增加也会有效抑制分心的症状，但是当 ADD 患者服用金刚烷胺的时候，副作用实在是很大，所以多数医生都不肯使用金刚烷胺。

哈佛大学医学院和马萨诸塞州韦尔斯利的发展神经学中心（Center for Developmental Neurology）的儿童神经科医生威廉·辛格（William Singer）和神经心理学家罗杰·科恩（Roger Cohen）博士则不然。他们和一群临床医生共同研究，发展出使用金刚烷胺却不会造成副作用的方法。

辛格发现以前用的剂量太高了。他使用液态的金刚烷胺，可以把剂量调低到 25 毫克。他会从 25 毫克开始，慢慢地提高剂量，每个星期提高 25 毫克，直到治疗效果出现。

目前，他已经用金刚烷胺治疗过 100 名儿童，效果非常好。金刚烷胺似乎比兴奋剂以及其他治疗分心的药物还有效。下面是辛格的研究：

- 金刚烷胺的药效温和、稳定。它的效果不会像兴奋剂一样渐渐减弱，其药效长达 24 小时，每天只要服用一次。
- 金刚烷胺对提高分心者的工作效率很有效。它可以让分心者开始工作、不拖延，并帮助他们有效地管理时间。
- 金刚烷胺完全没有被滥用的危险。
- 金刚烷胺不像兴奋剂属于处方药。分心者可以给医生打电话询问处方，不需要新的处方就可以持续拿药。

- 只要剂量控制得宜，金刚烷胺的副作用比兴奋剂少。服用的剂量正确时，几乎毫无副作用，不会失去胃口、血压升高或失眠。
- 金刚烷胺可以改善感觉统合失调的症状，这是分心者常见的问题。

不过，读者需要注意的是，这些对临床患者的观察缺乏控制组的比较数据，也没有正式发表在医学期刊上，基本上是未经证实的结论。

非典型抗抑郁药安非他酮（Bupropion）有两个商品名称：载班（Zyban）和威博隽（Wellbutrin）。它们可以帮助患者戒烟或治疗其他化学上瘾的病症。

安非他酮也可以用来治疗分心，但是效果没有兴奋剂好，适合作为替代品。其副作用包括焦虑、发脾气、睡眠困难和少见的癫痫。

礼来制药公司（Lilly）在 2003 年冬天生产了一种被称为择思达（Strattera）[1] 的新药。择思达是一种去甲肾上腺素再回收抑制剂，治疗儿童及成人分心者都很有效，因此引起了高度重视。事实上，虽然医生经常开各种药物给成人分心者，但是择思达仍然是唯一经过美国食品药品监督管理局核准的成人用药。

择思达有几个优点。首先，它不是处方药，患者比较容易拿到处方，而兴奋剂则是处方药，被美国食品药品监督管理局严密控管。有些医生不喜欢开处方药，因为他们不希望被美国食品药品监督管理局调查。虽然开处方药给分心者完全合法，但对医生和患者来说可能会引起不必要的困扰。

其次，择思达的药效温和、稳定，可以维持一整天。择思达可以刺激前额叶的多巴胺活动，但是不会刺激纹状体（striatum）或伏隔核（nucleus

———
① 通用名为盐酸托莫西汀胶囊。——编者注

accumbens）。也就是说，它会像兴奋剂一样增强脑部功能，比如做出决定、管理时间等，但是它不会像兴奋剂一样被滥用，也不会引起肌肉抽筋。更重要的是，如果突然停药，患者不会出现戒断症状。

择思达也有一个起效慢的缺点。兴奋剂的好处就是很快可以见到疗效，择思达则不然。许多人使用择思达的时候，会因为效果出现得太慢而过快增加剂量。按照标准，每公斤体重需要 1.2～1.5 毫克的择思达。纽约大学的莱恩·阿德勒（Len Adler）医生表示，理想的做法是：第一周每天服用 25 毫克，第二周和第三周每天服用 50 毫克，第四周每天服用 75 毫克，第五周每天服用 100 毫克。如果患者体重比较高，在没有副作用或是症状没有明显改善的情况下，就可以在第六周继续增加剂量。择思达于饭后服用。

这种药物的副作用有恶心，阿德勒医生建议服用姜汁茶来缓解恶心的症状。大约一周后，恶心的症状就会消失。择思达也可能引起口干，请记住多喝水，准备喉糖。择思达可能引起嗜睡，可以在睡前服用；而有些人服用后则会失眠。有的人可能胃口不好，所以必须注意饮食，避免体重下降。如果服用择思达后又失眠又没胃口，艾德勒医生建议睡前服用 15 毫克的米氮平（mirtazapine），可以改善这种问题。最后，择思达有时会引起泌尿障碍和勃起困难。

对某些患者，择思达可能是最适合的药物，比如有滥用药物或有肌肉抽筋现象的成人分心者。当我们积累足够的临床资料，学会如何开出理想剂量的择思达处方时，择思达可能会代替兴奋剂，成为最常用的治疗分心的药物，但目前的临床经验还不够。

莫达非尼（Modafinil）用来治疗嗜睡症（患者会不自主地睡着）以及其他过度疲乏的疾病。有些医生把莫达非尼当作兴奋剂的代替药。我们则把它当作其他药物的补充药，而不是单独使用。

当主要药物的效果还没出现的时候，莫达非尼可以暂时减缓症状。莫达非尼药效长达 8 ～ 10 小时，可以让兴奋和压抑的情绪起伏较小。用过莫达非尼的患者跟我们说，他们觉得服药后比较冷静、不怎么冲动了。

莫达非尼也用来治疗上瘾症。莫达非尼似乎作用在脑部的组织胺（histamine）系统上。组织胺让大脑醒来。大部分人都体验过抗组织胺引起的困意，比如在吃过感冒药后。莫达非尼则刚好相反，它会"促组织胺"，因此会提高警觉度。提升组织胺就是提升额叶功能，比如决策与组织、时间管理、分辨轻重缓急等。

有人称莫达非尼为"禅药"，因为它让人清醒，却不觉得是被驱使、加速或有某种特定目标。被驱使的感觉可能是兴奋剂的缺点之一。

兴奋剂的作用方式是增加多巴胺分泌，尤其是在脑部边缘区域。朝目标前进、积极奋斗以及追求理想的感觉似乎就是受到多巴胺调节的。这些努力奋斗的精神有时很有用，但有时可能会引起过多的压力。

莫达非尼则在让人清醒的同时，不会让人感到服用兴奋剂所引起的驱动力。莫达非尼可以和专注达一起使用，这会让后者的药效更平稳。莫达非尼的另外一个好处是几乎没有副作用。

可乐定（Clonidline）和胍法辛（Guanfacine）都是用来降血压的药。可乐定药效较短。有时，低剂量的可乐定被当作安眠药使用，因为具有使服用者嗜睡的副作用。可乐定也可以减少多动现象。虽然有人认为可乐定效果非常好，但目前仍缺乏研究支持，可乐定仍被当作其他药物的替代品，适合与其他药物同时使用以降低多动症状或促进睡眠，同时也可以用来治疗儿童和成人的攻击性行为。

但是，可乐定和利他林一起使用，曾导致三起致死病例。

胍法辛的作用与可乐定相同，但药效较长。这是优点也是缺点，它可能会引起长期嗜睡。因此，它通常是在睡前和其他药物一起使用以治疗严重的多动症状或暴力行为。

治疗 ADD 的新型药物 β 受体阻断剂（Beta-blockers）原本用来降低血压、改善心脏功能。精神科医生用它来治疗易焦虑、坏脾气和愤怒的症状。20 世纪 80 年代，瑞迪详尽研究了用 β 受体阻断剂治疗攻击性和冲动的效果。他也尝试将 β 受体阻断剂与兴奋剂和抗抑郁药合并使用来治疗冲动、易怒和焦虑。他发现 β 受体阻断剂会降低患者内在紧张和愤怒的感觉，也会让体内"杂音"减少。这都是 ADD 患者常有的困扰。

三环类抗抑郁药（tricyclic antidepressants）原本用来治疗抑郁症，也可治疗 ADD，但因为有副作用，医生不太使用。

三环类抗抑郁药也可以治疗尿床、头痛和失眠。瑞迪首先开始尝试用低剂量的三环类抗抑郁药治疗 ADD。他发现每天 10 毫克的地昔帕明（Desipramine）可以有效控制 ADD 症状，却不引起副作用。在那之前的剂量通常都是每天 150 ～ 300 毫克。

用药的重点是要避免副作用。三环类抗抑郁药的副作用包括口干、便秘、皮肤溃烂、头晕、排尿困难以及嗜睡等，而比较少见的副作用是引起心律不齐甚至死亡。因此，许多医生不再使用高剂量的三环类抗抑郁药了。对于会尿床的 ADD 患者，低剂量的三环类抗抑郁药会是最好的选择。开始服药前一定要让患者先做心电图，并且要小心观察有无副作用。

如果你服用高剂量的三环类抗抑郁药，请要求医生检查血液中的药物浓度，以免过量。

除了以上这些药物之外，还有很多药物可以治疗 ADD 的各种相关症状。

比如，ADD 患者也常常并发抑郁症。我会建议先用兴奋剂治疗，因为他们的抑郁现象往往是次发性的，会跟着 ADD 症状的改善而消失。分心者的抑郁往往是因为失败产生的挫折感而引起的。

而有时候，生理性的抑郁症看起来像 ADD。这时，兴奋剂会让抑郁更为严重，因为患者会更专注在自己抑郁这件事情上。他需要同时服用抗抑郁药。我会建议服用选择性血清素再吸收抑制剂，比如喜普妙、乐复得或百忧解。

如果你希望在获得抗抑郁药效之外也有让自己兴奋的药效，可以试试长效型的文法拉辛（Effexor XR）。不要用一般的文法拉辛，因为副作用可能很严重。如果兼有焦虑的现象，非药物性治疗又没有效果，选择性血清素再吸收抑制剂可能有帮助。

如果患者出现躁动、易怒或狂喜的症状，让人怀疑他是否同时有双相障碍，就不要用兴奋剂，而要用情绪稳定剂或非典型抗精神疾病药物。如果 ADD 和双相障碍同时存在，那情绪稳定剂（比如双丙戊酸钠、得理多和锂盐）或非典型抗精神疾病药物（比如奥氮平片、利培酮或阿立哌唑）可能比兴奋剂有效。也可以考虑同时使用兴奋剂和抗精神疾病药物。

很多人担心首次服药的患者服用兴奋剂会引发躁狂症。研究显示，人们多虑了。不过，首次服药时，患者还是可以使用情绪稳定剂或非典型抗精神疾病药物以避免引发躁动。

第 22 章

不要让分心的
阴暗面伤害你

我常常把分心者的大脑比作尼亚加拉大瀑布，因为二者的能量都很充沛。利用尼亚加拉大瀑布能量的方法是建造水力发电厂，利用分心者能量的方法也是基于同样的道理。你需要把能量集中管理，然后把它们用在有用的地方。治疗开始时，你就是在建发电厂。而治疗 ADD 也与建发电厂一样困难。

许多分心者可能会有这样的感觉：开始治疗时会很快见到疗效，然后就停滞不前了，接着是一段长时间的挫折期，患者和家人可能都觉得在原地踏步。这种情况在年纪稍大的青少年和成人身上尤其严重。儿童还有很多自然发展空间，又有家长和老师的帮助，因此进步较快。

如果到了青春期或成年之后才诊断出来 ADD，治疗挫折期可能会更长，甚至长期没有取得明显的进展从而导致治疗失败。一位患者跟我说："你就是没办法帮助某些人。他们的行为模式已经太固定了，深埋在潜意识里，改不了的。有时候我怀疑我就是这种人，别对我抱任何希望，你没办法救每个人。"

我把这个阶段叫 SPIN，这些字母分别代表：

S：羞耻心（shame）。

P：悲观与消极（pessimism and negativity）。

I：孤立（isolation）。

N：缺乏创造力和生产力的出口（no creative, productive outlet）。

如果想要从 SPIN 中跳出来，你需要治疗师、生活教练、伴侣、团体、朋友以及亲友的帮助。下面我会对 SPIN 的每个方面提出一些建议。

羞耻心

只要你的 ADD 没有得到诊断，年纪越大，你就会越自卑。你的背包里总是乱七八糟，你总是迟到，你的能力总是无法发挥，而这一切都会让你觉得很丢人。羞耻心可能会慢慢渗透到更深的层次。你可能会为自己的想法、欲望、喜好感到羞耻。你会为自己戴上面具，因为你觉得自己从根本上是有缺陷的。

羞耻心有毒，会引起创伤。羞耻心会让你压力过大，侵蚀你的记忆力和心智功能。或许小时候老师在你心里种下了羞耻的种子，但长大后强化它的人是你自己。你会觉得每个人都在批判你，于是只好躲起来。

你不可能独自面对这一切，你需要治疗师、朋友或伴侣的支持与帮助。你需要倾诉和坦白，承认心中的羞耻感。你会发现，你在他人眼中或许没有你想象的那么糟糕。就算你说话无主次，这也没关系，大家喜欢你无法预测的言谈。如果有人不喜欢你，他可以跟其他人交朋友。如果你迟到了，也没关系，只要你不是故意的，大家会原谅你。如果他们不能原谅你，就不要跟他们做朋友了。如果每个人都"正常"，那世界多无聊啊。

羞耻感不但有很强的伤害力，也会让人无法享受成就，特别是对于成人分心者来说。成人分心者往往无法接受正面夸奖。无论他们取得了怎样的成就，他们都会觉得那是别人的功劳或是意外的结果。

羞耻感还让成人分心者无法感到喜悦，因为他们认为自己做什么都是丢脸的，甚至认为自豪根本就是不道德的。健康的自豪对他们而言是陌生的概念。他们得努力回想童年，才可能找到关于最后一次感到自豪的记忆。

羞耻感也让你无法发挥潜力。羞耻感会阻碍你向前迈出每一步。比如在你需要给客户公司打电话时，你认为自己只是个小人物，所以不敢直接找总经理，而是找他的助理谈，于是得不到自己想要的结果。当你应聘工作时，你不会吹嘘自己有多能干，而是呈现出自我怀疑的态度。你想问问题，却害怕自己的问题听起来很愚蠢。你有好想法却不去执行，因为你认为如果你都能想得出来，那这个想法一定不够好。如果别人没有给你回电话，你会立刻假设他们不喜欢你……这样的例子你的生活中一定有许多。

请尽量克服羞耻感。握手的时候双眼看着对方的眼睛。别人不回你电话，就当他们太忙了，之后再给他们打个电话。即使真的有人不喜欢你，也不要在意他们的想法，去跟其他人交朋友。只要你自己不放弃，你就会发现一个人拒绝你正表示另一个人等着接受你。

如果你有羞耻心的困扰，首先要离开那些批评你的人、不喜欢你的人以及不能爱你本性的人。远离看你不顺眼的人，亲近喜欢你的人。除掉自己心里那个严厉的"小学老师"。

一旦在生活中摆脱了那些总是批评你的人，消除心中的恶魔就不再那么困难了。你不需要接受别人每天挑你毛病、轻视你或控制你。从前，是你的羞耻心让你忍受这一切。现在，只要你下决心不再让羞耻心控制你，你就有办法不受这些人的控制。

你需要被接受。你需要接近看得到你优点并且想要帮你发展这些优点的人。一旦身边有越来越多比你自己更能欣赏你的人，你就不会感到害怕或丢脸。慢慢地，你也能感到自豪了。

悲观与消极

悲观与消极是成长的路障。分心者在经历了长期的失败与挫折之后，悲观与消极的情绪可能很严重，随时都可能出现。如果你每次有个新想法或要认识新朋友的时候都想"何必呢？反正也不会成功"，那你永远都不会有机会。

对抗悲观的最佳良药就是取得成就，可是要想成功，你首先要克服悲观。这真是个两难的局面。但是不要绝望，你可以在某种程度上控制自己的想法，从而打败自己的悲观。这并不是说你要成为缺乏判断的傻瓜，而是说你得逃离内心的恶魔。

认知疗法（cognitive therapy）就是在教患者控制自己的想法。此外，我们还可以从书中借鉴一些方法。马丁·塞利格曼（Martin Seligman）在他的《活出最乐观的自己》（Learned Optimism）① 一书中示范了获得乐观的方法。

在这方面，我自己最喜欢的书是古罗马哲学家爱比克泰德（Epictetus）所著的《生活的艺术》（The Art of Living）。我建议分心者读这本书的原因是，

①《活出最乐观的自己》是积极心理学之父塞利格曼的幸福经典系列之一，教你改变悲观人生，提升幸福感。该书中文简体字版已由湛庐引进，由浙江教育出版社于 2021 年出版。——编者注

这本书很薄，并且经得起时间的考验。爱比克泰德活在两千多年前，算是认知疗法的鼻祖了。他的基本原则是，**一个人应该知道自己能够控制些什么以及不能控制些什么，然后努力改善能够控制的。**

我们能够控制的就是我们的想法。爱比克泰德本来是个奴隶，每天被使唤来、使唤去，吃不饱，还要被打。于是他拒绝在原本就很苦的生活里再用不健康的想法自讨苦吃。他把这个信念教给其他人，很有说服力。最后他因此得到自由，成为著名的哲学家。他的学生把他说过的话记录下来，汇成最早的"人生自助手册"。当时每个罗马士兵出征时都带着这本教人如何面对生活困境的书。

罗马士兵用得到，我们也用得到。如果你是个充满消极思维的悲观者，我强烈推荐你读读这本书。

孤立

孤立往往是羞耻、悲观和消极的副产品。孤立会加剧羞耻感和消极情绪，有可能导致抑郁、焦虑和上瘾行为，并让分心者在生活的各个方面都表现不佳。

和其他人保持联系是最重要的。大多数分心者和其他人一样喜欢人际接触，但有些人的羞耻感和消极情绪十分严重，可能会导致他们切断与其他人的联系。

如果你觉得自己正是这样，一定要尽力想办法改变。你可能想躲起来，但是千万不要这样做。你可以跟朋友谈谈、找咨询师或打电话给任何一个你可以信任的人。

孤立是慢慢形成的，一开始几乎感觉不到。你会帮自己找各种借口。"这些人太虚伪了。""他们不想我在那里。""我太累了。""我就只想待在家里休息。""我需要自己的时间。""我的医生告诉我要避免压力。"

当然，孤立总比跟坏朋友在一起要好些。所以，如果你需要加强人际接触，要谨慎行事。你可以从交一个朋友开始，约定一起见面吃午饭，并相约每个星期打一次球。

缺乏创造力和生产力的出口

不管是谁，在进行能够发挥创造力和生产力的活动时，都会表现得很出色。我说的创造力不一定是写诗或画画。几乎任何活动都可以让你发挥创造力，也会让你的感觉变好。比如烹饪就是很好的创造性活动，甚至洗衣服也是。

你可能会疑惑，洗衣服怎么会是创造性的活动呢？它可以。关键是把洗衣服变成一种游戏。儿童最擅长把任务变成游戏了。我 8 岁的儿子塔克每次都会把洗澡变成创意十足的活动，他会把几个娃娃士兵拿进澡盆玩耍。

如果你愿意放开自己，你就可以把任何活动变成游戏。

你越是这样，越有可能忘记时间、忘记地点，甚至忘记自己，并和你正在做的事情合二为一，进入"心流"状态。这时候，我们是最快乐的，也是最有效率的。

秘诀就是游戏。你可以把任何事情都当成游戏。对于分心者来说，游戏是你的天赋，好好利用它吧。

游戏其实很深奥。游戏能改变世界，可以把最无聊、枯燥的活动变成使人沉浸其中的活动。游戏并不可笑。我说的游戏，指的是你要创造性地投入正在做的任何事情当中。游戏的反面就是按照规定一板一眼地做事。对于分心者，游戏是他们的天性。你只需要把羞耻感、悲观、消极情绪全部抛开，保持人际接触，避免陷入抑郁不可自拔就可以了。

如果你想摆脱 SPIN，就要靠游戏。游戏时，你会发现自己喜欢反复玩的是什么。运气好的话，这个游戏可能对别人也有价值，那么这就可以发展成很棒的事业，也就是说别人愿意付你钱，让你游戏。

究其核心，停滞不前就表示你没找到创造力和生产力的出口。如果你找到了，就不会原地踏步。当然，有时候你会认为没有进展，会受挫，但是你可以抱着游戏的心情，并不断尝试，于是你就又前进了。

成人分心者在开始治疗后如果停滞不前，就要找一些能发挥创造力的活动。每个人都需要这些出口，但是对分心者更为重要，这是拥有充实生活的必要条件。

一旦你找到了适合的创造力出口，就比较容易把自身巨大的能量引到正确的地方了。不要说自己找不到，这是消极情绪在作怪。找个相信你的人一起思考，并不断尝试，你一定会发现自己的"水力发电厂"。

不要陷入 SLIDE 状态

当我们写《分心不是我的错》的时候，强调的是治疗初期的进展。在这个阶段，我们会看到分心者最惊人的改变，特别是当药物有效的时候。但是大部分成人分心者到治疗后期会原地踏步，甚至退步。

如果你退步了，不要绝望，这是正常的。这时候你应该回去找最初帮你做诊断的医生，或去咨询其他值得信任的专家。因为此时你可能陷入 SLIDE 了。

这些字母分别代表：

S：攻击自己（self-attack）。

L：攻击生命（life-attack）。

I：想象最糟的状况（imagining the worst）。

D：不愿意面对（dread）。

E：逃避（escape）。

对于 ADD 患者来说，陷入 SLIDE 很常见，下面是可能发生的具体情况。

攻击自己

不好的事情发生了。你感到失望、受挫。比如，你的提案没有通过，或是某人没有给你回电话。事情可能很小，可是偏偏你心里很在意。你会因此抓狂，用各种难听的话骂自己，比如没用的家伙、笨蛋或丑八怪等。这些话会摧毁你。

攻击生命

就像你攻击自己一样，你把气出在生命本身。你认为自己的生命很糟糕，活着就像是在受虐。

想象最糟的状况

生命这么差劲儿，让你回忆起发生在你身上所有不愉快的事情。你不断回想，不断在强化消极思维。

不愿意面对

这样，你当然会提不起劲儿了。你的精神和元气都被消耗了，正在滑向绝望的深渊。

逃避

一旦到了这个地步，你会感到极端痛苦，因此想要逃避。想要逃避的心态如此迫切，以致你做出错误的决定——喝酒、随便乱来、说错话、惹不想得罪的人生气、令亲人伤心、摧毁友情、乱花钱，可这些你一点也不在乎，只想逃避。但你所做的一切只会让你陷入恶性循环，并且陷得越来越深。

避免这个恶性循环的秘诀就是在 S 阶段"攻击自己"和 L 阶段"攻击生命"时及时干预。分心者的想象力往往很强大，因此必须极力避免进入第三阶段"想象最糟的状况"。想象力是我们的优点，但是在攻击自己或攻击生命时，想象力就变成内心的恶魔，饥渴地啃食、摧毁我们。一旦想象力开始工作，我们就很难停下来。

试着训练自己认出引发 S 阶段和 L 阶段的因素，这种因素可能是某个让你攻击自己或攻击生命的负面刺激。

通常，这种负面刺激发展会很模糊，又快，很容易错过，你必须为此做准备。你需要知道什么事情可能会成为触发点，比如量体重、看报纸、跟某个人说话等，然后事先练习如何避免陷入第一和第二阶段。

比如，如果每次你和某个"朋友"说完话，你都会垂头丧气、心怀怨恨、充满羡慕或嫉妒，那你最好避免见这个人，或者是准备好"消毒"的方法，比如在心里狠狠地骂这个家伙、散步、打个电话或购物。

假设你的负面压力来自称体重，一天早上，你站在体重秤上，发现体重又增加了，你大概有 5 秒钟拯救自己，让自己不陷入负面思考。

你的脑子乱成一团。你低下头看着自己肥胖的身体，你痛恨它，也痛恨自己变得这么胖。这时候你要迅速思考。你可以事先准备好一句话、一个意象或一个行动来对抗消极情绪。

我就是这样。我痛恨称体重。我的做法是：如果我不喜欢我的体重，我就狠狠地刷牙。这听起来很无聊，但是这会给我几秒钟的时间冷静一下，让我可以暂时专心在牙齿上。然后我会刻意想到我的孩子们，或是我很期待将要做的某件事情，或是我最近很得意的事情。这些意象像护身符一样，可以让我不再陷入负面的想象中。

当然，我还是会不太开心，还是会决心那天要少吃一点，还是会对我的身体有消极情绪，但是我不再会陷入这些情绪里无法自拔，我不会 SLIDE 了。

你必须准备好自己的护身符。

有时候，SLIDE 可以持续好几天，甚至几星期、几个月，这时候你就需要找专家帮助了。不要等到老板炒你鱿鱼或是爱人要求离婚的那天，然后跟自己说："我就说，我的人生就是这么糟。"

随时准备好"护身符"。它或许是某种信仰，或许是你爱的人，或许是爱你的人，或许是你的某段珍贵回忆。

在找到自己的"护身符"之后，你可以趁着心情好的时候仔细想想，然后记在心里以备不时之需。

第 23 章

避免分心引发的
家庭战争

斯蒂芬，一个在读高三的 ADD 患者。他的父母和姐姐带他来找我咨询，他姐姐埃伦当时在读大三。6 个月前，学校开学的时候，我诊断出斯蒂芬患有 ADD。从那时开始，斯蒂芬开始服药。在药物的帮助下，他在学校表现良好，但是与家人的关系仍然很糟。他认为自己的问题是家人造成的。其实，在家庭的战争中，没有所谓的好人与坏人，只有受伤的人。大部分分心者的家庭都经历过战争场面，几乎无法避免。

"你们想谈什么？"我问在座的各位。

"我们希望家里和平一些。"妈妈说完，长长地叹了口气。

"我们需要作战计划，"爸爸加上一句，"事情不能一直这样拖下去了。"

"我经常在学校，不清楚家里到底发生了什么，"埃伦说，"可是我知道这些日子，家里的生活很糟。"

　　然而斯蒂芬窝在我办公室里最舒服的那张椅子上，腿伸得长长的。他看着我，平静地说："他们接下来会告诉你我有多么差劲儿、多么不负责任。我都可以帮他们写剧本了。你真的需要我在这里吗？我干脆离开吧，让他们好好骂我就行了，我还不用听。"

　　妈妈扶了扶眼镜，看着斯蒂芬，但是忍着什么都没说。爸爸也低头沉默着。

　　埃伦说："斯蒂芬，不要这样讨厌。你可以欺负爸爸妈妈，可别想欺负我。我不知道我那个可爱的小弟弟去哪里了，但是我知道坐在这里的这个人真让人厌烦。"

　　斯蒂芬挑衅地看着埃伦，并对她伸出中指。

　　妈妈忽然哭起来。埃伦对爸妈说："别让他这样对待你们。"

　　"我们还能怎么办？"爸爸说。

　　"好吧，这就是我们今天要做的事了，看看我们能做些什么让战争停止。"我说。

　　他们全都看着我，好像我有答案似的。可是，我没有答案。

不过，我有一些建议。这些建议不可能为所有家庭带来和平，但是或许值得借鉴。首先，大家需要明白，没有不吵架的家庭，更不用说分心者的家庭了，这没什么好觉得丢人的；其次，你需要了解这些战争背后的心理原因；最后，也是最重要的，你需要一些解决问题的实际方法。

有分心者的家庭都有这样的问题，不要觉得丢脸。

只要看看 ADD 的特征就不难理解为什么分心者会给家人带来超大的困扰：巨大而难以控制的能量、喜欢高度刺激和冲突、不善于遏制冲动、有创造力、固执顽强、痛恨别人告诉他做什么、个性独立、讨厌从众或遵守规则、一旦开始就无法停止辩论或任何争执、有巨大的驱动力以及较差的自我观察力等。仔细看看这些特征，你就会认为家里不吵架才奇怪呢。

有一天半夜，我被电话吵醒，一位母亲恐慌地说："医生，你一定要帮忙！约翰正拿着棒球棒，满屋追着汤姆跑。"

约翰是一个 40 多岁的银行家，汤姆是他儿子，一个患有 ADD 的青少年。

"跟约翰说，我叫他放下球棒。"

"等一下，哦，不，现在换汤姆拿着球棒，反过来追约翰了。约翰的球棒倒是放下了。"

"那就跟汤姆说，我叫他放下球棒。我现在打电话叫警察过去！"突然，她尖叫起来："啊！猫跳到我背上了，抓得好痛！"

"汤姆放下球棒了吗？"

"没有，他把约翰逼到墙角了，他们都吹胡子瞪眼的。我该怎么办？"

"问汤姆肯不肯接我电话，我等下再叫警察。"

汤姆接电话说："他真是笨透了。我恨他。我不敢相信他是我爸爸。我要杀了他。"

"嗨。汤姆，你还拿着球棒吗？"

"嗯。"他说。

"你怎么一边拿着球棒一边接电话？"

"你知道的呀，我能一心多用啊。"

幽默——我看到希望了。"那倒是真的，"我说，"你觉得球棒会有帮助吗？"

"我要他像我一样不好过，他这个废物。"

"他让你不好过的时候，球棒有帮助吗？"

他有点听懂我的意思了，闷着声音说："没有。"

"或许有更好的方式解决问题，是吧？你放下球棒了吗？"

"嗯。"

"那很好，汤姆，现在呢？现在我该说什么？"

"我知道了。我会冷静下来。我本来就没打算伤害他的，可是他就是这么令我讨厌。"

"那你爸爸在哪儿呢？"

"我妈陪他坐着，给了他一杯水喝，他看起来很累。"

"想想也是。好啦，让你妈妈过来接电话吧。你上床去，好吗？我们不能再这样下去了。"

"我知道。"

"凌晨 3 点挥舞球棒，我差点儿叫警察了。"

这就是家庭战争的真实场景。有时候状况可能会更糟，比如有人受伤，有人被送去医院或监狱。

好了，既然我们知道家庭战争很常见，那接下来该怎么办呢？

我提倡预防第一。**预防家庭战争的最佳利器就是建立联结。**联结指的是归属感。归属感就是不管怎样，你都知道自己是受欢迎的、有人需要的、有人在乎的以及有人爱的。虽然家人不同意你的看法，但他们还是会理解你。即使你必须做一些不想做的事情，你还是受到他人的尊重。虽然你跟其他家庭成员不一样，但他们还是重视你的。

父母和孩子建立联结的方法很多，比如一起吃晚饭，读书给孩子听，一起散步、看球赛、边吃爆米花边看电视，一起熬夜解决某个问题，参与孩子的一些特殊活动，要求孩子做家务事（孩子会觉得有参与感，即使他们会抱怨），让孩子认识自己的朋友，认识孩子的朋友等。这些都可以建立家人之间的联结。

你可以想出各种适合孩子的方法建立联结。

建立联结是保持情绪健康的关键。我说的联结不是那种纠缠不清的关系，因为纠缠不清和失去联结一样危险。家庭成员需要独立的空间、个人隐私以及自己做决定的自由。

当和孩子陷入权力斗争的时候，家长总是问我如何让孩子听话。我的回答是："**每周花 20 分钟陪孩子做他想做的事**。只要 20 分钟，但是这段时间不可以接电话、和邻居聊天、办自己的事情或去卫生间。你必须把时间真正花在孩子身上。把时间固定下来，让孩子知道，每个星期的这个时候，你都会陪他做他想做的事情。请记住要守信用。"

每周只要 20 分钟，就会成效斐然。这是儿童精神科医生彼得·梅茨教我的方法，非常管用。仅仅 20 分钟，就可以增加亲子间的联结，并且有效减少家庭战争。

但是，预防是不够的。一旦冲突发生，你需要知道如何处理家庭战争。

最好的方法是任职于哈佛大学及麻省总医院的心理学家罗斯·格林（Ross Greene）提出的，叫作积极合作式问题解决法（collaborative problem solving，CPS）。

这个方法的基本理念就是：从长远来讲，孩子学会协商比学会听话更好。在传统教育中，家长希望孩子听话。孩子就像小宠物一样，被训练要听大人的话、要多听少说以及要有礼貌。

我也喜欢这样的孩子！不过，传统的教育方式并不能产生最好的效果，特别是对分心儿童。不听话的孩子、难照顾的孩子、动作慢的孩子、多动的孩子都会挨打。渐渐地，这些孩子会成长为社会上的边缘人。

自古以来，大家都认为打孩子是有效果的，可以培养孩子的人格、建立秩序。学校、家庭都是这样做的。现在我们知道这个方法根本行不通。但是，当没睡醒的家长面对哭闹不停的孩子，或者当教师面对不听话的孩子时，打孩子看起来似乎是最迅速且最有效的方法。成人总是忍不住对孩子使用自己的生理优势。

然而，所有的数据都显示体罚没有效果，而且还会导致创伤。我们需要寻找其他的方法，我们需要压抑原始欲望，运用思考来开发真正有效的方法。我们不能任由自己发泄沮丧的情绪，然后利用自己一时的身体优势。

面对不听话的孩子，我们应该运用想象力、智力和耐心，就像对待自己的工作一样。我们不应该用最缺乏想象力、最愚蠢、最不受控的方法对待孩子。那些在家里大发脾气、欺负比他小的人都是傻瓜，我们应该做得更好。

现代的父母常常使用剥夺法，要孩子回房间去想想到底错在哪里。这比打孩子好，方向对了，但仍然不够。

我们也可以建立奖惩制度，比如利用分数、小红花及金钱等。有些家庭很喜欢用这个方法，但我很难坚持下去，尝试的结果反而更令人沮丧。看着那些复杂的奖惩系统，我连 1 小时也做不到，更不要说好几个月了。如果家长也是分心者，搞清楚孩子得了多少分或得了多少小红花对他来说根本是不可能完成的任务。

我需要一个适合我的方法，有道理、合乎逻辑且不用记忆的方法。我和太太一起发明了协商的方法。我们一向鼓励孩子与我们协商，因为协商是一种重要的生活技巧。我总是对孩子说："如果你能够说服我让你熬夜，你就算成功了。长大之后，这个技巧会很有用。"到目前为止，他们都还没成功说服我，但是他们一试再试，技巧倒是进步很多。

当然，有时候只靠协商是不行的，比如几点上床睡觉就没有商量的余地。这时候我们就要让孩子明白听话的重要性。如果他们不听话，就得付出代价，比如第二天不准看电视。

格林把以我们为代表的家长普遍运用的这种方法加以延伸、改进、测试、再改进，并以更加全面、可操作性更强的方式呈现出来。格林的着眼点并不是帮助家长训练孩子听话，而是帮助家长和孩子学会一起解决问题。虽然有时候我们会希望有个听话的孩子，但是我们真正希望的是有个懂得协商、解决问题的孩子。

格林建议家长把冲突分为三类。第一类是你必须要求孩子服从的情况，比如孩子冲到街上，你喊他回来，这个时候完全无法协商；第二类是你愿意协商、愿意寻找其他可能性的情况；第三类是你并不特别在乎的事情，这类事情你就学着放手，顺其自然吧。

如果充分运用想象力、智力、耐心，家长（还有老师、生活教练以及其他人）可以学会把冲突都变成第二类。

针对这个技巧，格林出版了一本书：《暴脾气小孩》(The Explosive Child)①。

---

① 格林在这本书中指出，孩子大发脾气、冲撞大人、毫不妥协不是他们倔强、任性，而是缺乏
重要技能。该书中文简体字版已由湛庐引进，由浙江人民出版社于 2014 年出版。——编者注

不要被书名吓到，这本书针对的不只是脾气火暴的孩子，而是所有孩子。书的内容也不是专门针对失控的家庭，而是面向一般家庭。

在约翰和汤姆的案例中，我用了解决第一类和第二类冲突的技巧。我说我要打电话报警，让汤姆的母亲跟约翰说我要他放下球棒，这是解决第一类冲突的技巧，但是多数时候我用的是解决第二类冲突的技巧。比如，我运用了幽默的技巧，和汤姆一起将冲突降为第二类。之后，事情就容易多了。

有时候真的需要报警，这并不表示协商失败，而是一种保护措施。但是，在家庭里，你练习使用解决第二类冲突的技巧次数越多，就越容易发展出合作模式。这才是重要的生活技巧。

回到本章开始的情景，斯蒂芬、他的父母和姐姐埃伦都看着我。

我问他们："这一切冲突还有化解的可能吗？"

没人回答我。我继续说："我觉得你们一起演了这场戏。你们没有意识到，连斯蒂芬自己也没有意识到，斯蒂芬有多喜欢表演型的冲突。冲突比好好相处、乖乖丢垃圾、铺床、保持礼貌更具有表演性。你们上钩的时候，斯蒂芬就来劲了，所以他就一直抛出诱饵。因为对他而言，这样的生活才有意思啊！家庭吵闹不休的重要原因之一就是家中有喜欢冲突的个体，他们认为冲突太好玩了！"

"一点也不好玩！"埃伦抱怨。

"我只是打个比方，但是冲突就是比和平相处来得刺激。你看过讲大家和平相处的电影或小说吗？当然没有，那多无聊啊！所以，你们需要的是，全家人一起找些刺激的事情做，免得用吵架的方式找刺激。"

"我们要怎么做呢？"斯蒂芬惊讶地问。

"比如练习合作式问题解决模式。这会很有意思，可能比吵架更有意思。你要试着用思考让生活有趣起来，而不是用吵架或是蔑视他人。游戏的目标是找到解决问题的方法，让每个人或多或少都感到满意。"

爸爸怀疑地说："听起来根本不可能。如果所有问题都能谈判的话，世界上就没有战争了。"

"说得好，"我承认，"如果世界上的人都学会这个技巧多好，但是先不管那个，你要记住，我们在谈的是你的家庭，人数是有限的。"

"可是他们都很顽固。"斯蒂芬说。

"指责你的家人顽固能解决问题吗？"我问斯蒂芬。

"那要看我是为什么这么说。"他微笑着说。

我很高兴地说："你听懂了，斯蒂芬。你说得对。如果你的目标是要加剧家庭战争，那么指责家人过于顽固就可以达成任务。"

埃伦插嘴："但如果你的目标是要讲和，指责就没用！"这时姐弟两个人都向对方伸出了中指。

"真是没希望了！"妈妈说。

我抗议："谁说的？很多比你们情况更糟糕的家庭都尝试成功了，请你们也试试看吧。"

他们尝试了，生活也确实得到改善了。他们还是会吵架，但不会像以前那样频繁。他们会观察自己，当旧模式出现的时候，他们会意识到，还会自我消遣。

如果你的家庭也常有战争，千万不要放弃希望。试试这些方法，如果没有用，就找治疗师帮忙。没有专业人士的帮助，家庭往往很难自救。

第24章

摆脱分心带来的痛苦、杂乱和过度忧虑

即使你是分心者，也不见得一定会陷入徒劳无益的痛苦当中。你可以求助专家，如果得到了正确的帮助，一定能改善生活，而能够改善多少则因人而异。但是不论治疗效果如何，你都不要放弃，生活总是有希望的。

分心带来的消极情绪可能让你感到没希望了，不管你多么努力都无法成功。你失去了信心，但不想麻烦朋友，于是把一切都放在心里。你可能负担不起心理治疗的费用，即使负担得起，你也怀疑治疗能否有效果。你用尽力气做该做的事，可是事情还是越积越多，你完全跟不上生活的步调。

请看下面这封患者的来信，它描述的正是这样的心理状态。

> 亲爱的哈洛韦尔医生：
>
> 我 39 岁了，刚离婚。我是 3 个小孩的母亲，最大的孩子 12 岁，患有 ADD。另外两个孩子分别是 8 岁和 5 岁。在过去 13 年的婚姻中，

我一直都知道自己有一天会离开。我很绝望，感觉要溺死了，一切都没有希望。我没办法照顾3个小孩，我要做的事太多了。作业做了吗？袜子在哪里？晚饭吃什么？家庭联络簿签了吗？我需要一支铅笔。检查账目，做庭院工作，处理爆胎。电力公司的账单什么时候到期？屋子一团乱，汽车也总出问题。账户里没有多少钱，上个星期煤气公司切断了我们的煤气供应，这个星期电话也被停机了。如果我明天再忘记付电费，电力公司大概也会让我们断电了。老大刚拿回来成绩单：优、良、良、及格、不及格、不及格。另外两个孩子的文具还没准备好。我们8点30分才吃晚饭，而我5岁的孩子8点就该上床睡觉了，脏盘子还在桌上。我的驾驶执照已经过期了，汽车保险也过期了，甚至我的汽车牌照也过期了。如果我能准时送3个孩子上学，我就觉得很有成就感了。才早上8点，我已经感到很累了。他们在学校的时候，我都在想该做什么事情。但是该做的事情一大堆，我简直不知道从何开始，结果什么也没做，一天就过去了。我不觉得我还有救，我不能把这些事情都搞定。我没办法照顾孩子，我没办法给他们一个好生活。

6年前，我儿子的医生诊断出我也患有ADD。我试着寻找帮助，我去看的第一位医生建议我吃减肥药。他说这些药比较容易拿到，效果跟治疗ADD的药物一样好。我也试过求助于教会的咨询师、牧师，但他们都不了解我的问题有多严重。他们只会说："再努把力，列个清单，房门旁装个挂钥匙的钩子，多给自己一点准备时间……"

我已经山穷水尽了。我必须找个真正了解分心的人来帮助我，不然我就得把孩子交给前夫了。我该怎么办？

来信的莱斯莉是个典型的分心者。她聪明、有创造力、精力充沛却充满绝望。虽然她的状况非常糟糕，但还有精力写这封长信给我，并且写得这么生动，最重要的是她还不想放弃自己。

你可以感觉到她的急切与绝望，每天她都在挣扎。帮助她的人给了她很好的建议，但是完全帮不上忙。他们说"再努把力"，而事实是莱斯莉已经非常努力了，这样说只会让她更灰心。如果这样的努力还不够，是不是就表示她毫无希望了呢？

每一天，她都要面对每个分心者必须面对的问题：日常生活需要的责任。莱斯莉不是懒惰，不是不愿意做这些"简单"的事，而是对她而言，这些事情就是难以完成。

就像许多成人分心者一样，莱斯莉很勇敢也很坚强。她很爱她的孩子，不想放弃他们，不想把孩子让给糟糕的前夫。即使她无法专注，她还是会接送孩子、付账单、做家务。她跟大家说一切都很好，但其实她很混乱。

虽然经常受挫，但她没有放弃，她心中的声音告诉她："有一天会好的。"有时候，她几乎要放弃了；有时候，她甚至想到自杀，但是为了孩子她坚持下来。现在，她被困在原地。她必须活下去。她知道该怎么做，比如列张清单、钉个钩子，但是她就是做不到。

她做不到，就像鱼不会飞一样。

这就是分心者常常感到受挫与绝望的原因。这些人努力了，却做不到，或者做到了，却需要花费太多的努力，无法持久。

适当的治疗会对患者有帮助，但不会解决所有问题。即使接受了最好的治疗，患者还是会有受挫和绝望的感觉。

治疗确实会改善分心者的一些症状，然而，大部分分心者还是会面对一些问题。只是这些问题的破坏力不像从前那么强大了。

成人分心者尤其如此，因为他们在成长过程中受到了太多创伤。诊断和治疗可以改善分心，却不能治愈分心。患者还是会缺乏组织性、爱拖延以及做事不专心等，他们的情绪还是会倾向于低沉、抑郁，他们还是会缺乏自信。

这些问题都是 ADD 的阴暗面。不论你有哪种症状，即使经过诊断和治疗，这些症状都还会存在，只是没有以前那么严重而已。

除了上述这些问题外，ADD 还有其他难以消除的阴暗面。即使表面症状被消除得差不多了，内心深处的创伤还是会留存下来。

比如，对于那些直到成年才得到诊断的分心者，过去的经历会不断地让他们回到旧有的习惯和思考模式中。即使他们有了许多成功的经验，还是会惧怕失败。他们还是充满不安全感，无法相信自己已经取得的成就，因此无法真正享受成功。

当然，生活也不完全是绝望的。诊断与治疗可以为他们带来很大的改善，使 ADD 的阴暗面显得微不足道，而光明面则会茁壮成长，占据主导地位。

如果经过诊断与治疗，你仍然在生活中挣扎，那么不要感到孤独或是被欺骗了。如果儿童分心者在早期得到诊断与治疗，确实可以抑制阴暗面的发展，但是对于成人分心者而言，与阴暗面共存是必然的。大部分成人分心者有时都会感到悲观、受挫、绝望、自责和愤怒，他们会有无法预测的行为，比如上瘾行为、缺乏组织性、做事缺乏效率、无法享受成功以及孤立等。

你必须每天处理这些阴暗面，就像你每天都要护理牙齿一样，不管你如何仔细，有时候牙齿还是会发炎。

在本书中我已经提到了许多方法和建议，你都可以尝试。以下是你特别需要注意的：

- 最重要的是有个战友——伴侣、朋友、医生、治疗师都可以。这个人要了解你，在你沮丧的时候可以指出你的优点。这一点很重要，因为 ADD 患者通常缺乏自我安慰的能力，太容易受挫及悲观。你需要一位可以信赖的、真正能够接受你的战友，当你有需要的时候，可以寻求他的鼓励。

- 知道自己会有黑暗期。身处黑暗期时不要觉得一切都无望了，要试着找人帮忙。

- 黑暗期一来，马上找那个值得信任的战友，不要一个人面对黑暗。孤立自己是最大的错误。和你喜欢的人在一起，他是你正能量的来源。

- 有个可以信赖的医生，并和他保持联系。如果黑暗期持续下去，他可以调整你的治疗计划，通过药物、饮食、营养补充剂等改善你的情况。

- 用运动、游戏以及创造性的活动来转变心情，不要用食物、酒或任何有害的东西。

- 要知道，无论黑暗期多糟糕，它都会过去的。

- 在黑暗期还没完全过去时，要有应对的策略。重点是要和人保持联系，接触正能量。

- 趁着心情好的时候，给自己写一封信，等到心情不好的时候读，给自己打气。身处黑暗的你或许不相信自己会变好，但也许会被走出这一阶段的自己说服。

- 在黑暗期不要做任何重大决定。每个分心者都会遇到黑暗期，只要不在黑暗期做出无法挽回的错误决定就好。
- 如果你觉得一切无望，你就错了。这时，你正在被有毒的精神状态所控制，不要相信自己心里的话。找朋友聊天或看看电视，分散自己的注意力。
- 绝对不要独处。跟其他人在一起，并寻求治疗，然后等待这一切慢慢过去。你可能会从痛苦中学到什么，也可能不会。重要的是这一切都会结束，你将带着爱与希望生活下去。

如何不乱堆东西

成人分心者整理杂物的方式往往就是把杂物堆成一堆。堆东西对一般人来说或许不是什么大问题，但是对分心者来说就是一场噩梦。这些东一堆、西一堆的东西会迅速变成巨大的障碍，让分心者感到自己被压垮了、无能为力。在我处理过的患者中，这样的问题似乎是最琐碎的，有些甚至是可笑的，但却是最严重、最糟糕的。让我们认真面对吧！

认真面对的第一步就是一笑置之。如果你能够取笑自己的乱象，那么你就有办法对付它了。如果你真的被击垮了，已经无法从中感到一丝一毫的快乐，那么也不要泄气，你一定可以打倒它的。

乱象总是由小处开始的，比如一叠纸、一堆零钱，然后慢慢累积起来，像杂草蔓延一样失去控制。

小堆变成了大堆，摇摇欲坠地倾斜着，就像你的自尊心一样。乱象占据了你眼睛看得到的所有空间，不只是桌上、柜子上、楼梯上、椅子上、沙发上、车上、化妆台上、马桶水箱上，还有地板上。一叠纸、一堆零钱慢慢从一个房间蔓延到另一个房间，直至淹没了整个房子。

你不能这样生活。所以，深吸一口气，进攻！你需要让自己进入战斗状态。你得承认"敌人"军火强大，但是你会打赢的。因为你创造了它，你也可以解构它。

给自己打气，不要认输。羞耻感和自责只会让情况更糟。你可以假设自己是个园丁，房间里长满杂草，现在你要去除草，你需要用一些力气，你做得到。除草不需要特殊技巧，只要花时间，一点一点来就不会很辛苦。每清理一小块地盘，你都会感觉更好些。

你可以建立一个简单的文件系统，关键是简单，否则只会让杂草堆得更高。

首先，选一个地方放文件，然后准备一些文件夹、标签和一支签字笔。选一个角落，开始整理。把整堆东西搬到餐桌上，或是其他暂时不用的地方，总之不是原来的地方。

很快，你就可以享受整理后空旷而干净的房间带给你满足感。在你的大脑里，这次整理的行动可以消除过去不好的记忆。如果你不把东西从原来的地方搬走，你的大脑会一直记住各种与之相关的负面情绪，也就不会有力气整理了。

如果你常常出差，可以每次带一些东西去整理。晚上在旅馆或在飞机上没事做的时候，你就可以拿一些出来整理。不需要的东西就不要再带回家了。慢慢地，你会发现家中堆积的东西越来越少。

一旦这些都整理好了，你就需要设计一套管理方法，要养成"除草"的习惯。

一位分心者与我分享了一个很有用的方法：凡事一次处理完成。不论是信件、杂志、账单、字条，都要马上处理。立刻回信、立刻付账单或是把文件放进分类文件夹里，不要的东西就立刻丢掉。不要先放在旁边，等一下再说。

养成习惯以后，你还是会堆积东西，但是这个恶习不会像以前那么严重了。

担心与分心

1997 年，我写了一本书叫《焦虑归零》（*Worry*），因为我常常过度担心！

写那本书的最大收获就是，我发现大部分人确实可以控制过度担心的现象，只是很多人并不知道这一点。我们的目标不是完全不再担心，完全不担心才会出问题呢，那叫作否定现实。我们的目标是摆脱不必要的、破坏性的担心。担心就像血压，你需要它来维持生命，但不要过多。太多担心会让你生病，甚至会缩短你的寿命。许多人的心脏病都是过度担心引起的。

分心者比一般人更容易担心。部分原因是分心者往往很聪明、有想象力，这种人就是总会担心。往往有想象力的聪明人才能想象出那么多值得担心的事情！

而另一部分原因是分心使我们经常面对危险或灾难。我们总是在想：我们忘记了什么？我们说错了什么话？最近又闯了什么祸？开会的时候，我漏听了什么？忘记付某张账单了吗？整理庭院、预约牙医的事又拖了多久……

除非已经学会有效地控制分心，否则分心者一定有很多值得担心的事情。管理分心的重点之一，就是学会适度担心。聪明人把担心当作预警信号，接下来会采取建设性行动，而不是被担心淹没。

你不需要过度焦虑，只需要保持警戒，注意危险信号，一旦出现立刻采取正确的行动。不要沮丧，一步一步解决问题。如果不成功，就换个方法再试一次。人生就是需要不断改变计划。不要一天到晚想："如果当初怎样怎样……"想象力会把你带到黑暗的深谷，并迷失在悔不当初的迷宫里。

分心者会面对一个陷阱。我们常常把担心当作娱乐和刺激。满足的感觉过于平淡了，担心则会造成很多痛苦，但也是一种刺激，不愉快的刺激。于是，分心者会被担心吸引，就像有些人会被过山车吸引一样。

如果你是分心者，想一想，你是不是常常用想一堆担心的事情的方式让心神专注？幸福不够刺激，担心才够刺激。但是担心是有毒的，会令人不愉快，而且对你是有害的。

那你该怎么办呢？

如何把有毒的担心转化为有建设性的担心呢？以下是我的 6 点建议：

不要一个人担心。这是最重要的原则。当你担心时，找某个人倾诉。不要独自担心不已。不要叫其他人走开，自己在那里垂头丧气。你会失去客观性，变得沮丧，以及做出错误的决定。你必须和你喜欢且信任的人保持联系。

收集事实资料。有毒的担心往往基于缺乏信息或信息错误。你需要充足且有效的信息。如果你有医疗上的担心，就去看医生；如果有工作上的担心，就去听听专家的意见；如果你担心某个朋友在生你的气，就找他谈谈。总之，要了解事实。

做计划。一旦有了足够的信息就采取行动。拟订一个解决问题的计划。即使计划失败，采取行动的积极性也会让你觉得好过些。有毒的担心最喜欢被动的人了。只要你保持主动，就不会陷入有毒的担心了。

改善身体的健康情况。比如散步、上下楼、跳一跳、跑步或打网球。任何身体上的改变都会改变你脑部的化学物质，运动引起的生理改变就像为你的大脑按下重置键。

放手。这很难，容易担心的人很怕释放忧虑。他们会觉得在担心的时候比较安全，好像担心可以保护我们似的。我们需要练习放手，即使很难做到，但是至少我们可以朝那个方向努力。

找专业人士。如果你持续担心不已，就要去找专家帮忙，比如精神科医生或其他治疗师。有毒的担心有许多种，但都可以治愈。

第**25**章

分心者的性与伴侣

　　如果你是分心者，怎样的伴侣最适合你？这个问题看起来很奇怪，好像你可以随意挑选自己的伴侣一样。分心者就像其他人一样，寻找伴侣的最佳办法就是找一个自己喜欢的且愿意跟他一起度过余生的人。

　　但与此同时，我也看过许多分心者反复和错误的对象交往。而最常见的错误就是和有控制欲、很有条理且喜欢批评别人的人交往。他们误以为这就是他们需要的对象。

　　但其实，他们真正需要的是能够欣赏他们的优点，并且知道如何将这些优点激发出来的人。他们需要比自己更能看到自身优点的人，真正爱他们原貌的人。

　　如果这个人刚好很有条理那当然很好，但这并不是那么重要。重要的是他尊重你、爱你真正的样子，而不是想把你改造成其他样子。这样的爱情会让双方都受益。

分心者最大的障碍其实是自己内心的恐惧。他们担心如果没有人监督，生活就会垮掉；他们害怕如果忠于自己真实的样子，就会一败涂地；他们害怕自己依靠本心做事在这个世界上根本行不通；他们害怕自己太差了，没有人会真正爱他们。所以他们选择有操控欲、爱批评的人做伴侣。

分心者往往将自己视为丑小鸭，觉得自己有问题、无能。他们需要的是真正能够欣赏他们的人，但是他们没办法说："好啦，今天我想要找个欣赏我的人。"

然而，分心者也可以转变自己的心态，以平和的方式期待正确的人的到来。分心者可以做且应该做的是尽量消除障碍，比如：

- 不要和一天到晚批评你的人来往。
- 如果这个人总是让你不舒服，就不要跟他来往。
- 有时候你无法回避令你感到棘手的关系，比如你无法选择自己的父母，但是你可以选择朋友、爱人。运用你的自主选择权！
- 不要认为如果别人对你好，那么他就一定有什么问题或者想从你身上得到什么。
- 不要为任何人伪装。如果他爱上你，你不会希望他爱的是那个虚假的你。
- 如果你以为自己必须伪装才会有人爱上你，那你就错了。试着让别人看到真正的你。
- 不要怕展现脆弱的一面。脆弱可以带你进入最深刻、最美好的爱里。不要把自己的脆弱隐藏起来。
- 想想一个真正爱你的家人。不论在哪里、做什么，心里都要记住这个人。

* 不要跟你无法尊敬的人来往。
* 想想你希望自己跟谁在一起，然后约他出去。最糟糕的情况能是
什么呢？不过就是被拒绝。那又怎么样呢？记住，这只是第一步，
总有机会成功的。

如果你是分心者，什么样的伴侣最适合你？真正爱你的人，觉得你很有趣
的人，接电话听到你的声音就会开心的人。

如果他能够了解分心，不在意分心者的各种症状，真心接受分心者，那就
更好。分心不是借口，却是非常有力的解释。

他可以是分心者，也可以不是。他可以很有条理或缺乏条理，可以富有或
贫穷，可以喜欢运动或讨厌运动，可以和你有一样的兴趣或完全没有共同兴
趣，可以和你说同样的语言或不同的语言。

一位患有 ADD 的女士写了以下这首诗，我觉得很准确地抓住了真爱的
意义。

珍贵的朋友

你是我的希望。

你了解我，爱我真正的样子。

不逼我，不怪我，只是跟我一起开心，或是把手帕借给我。

你紧紧地拥抱我——

在我恐惧的黑暗中，在我幻想的深渊里。

你不畏惧我的软弱，也不畏惧我的能量。

你在我身上看到美好的可能——

即使罪恶、悲伤和日常杂务让我忘记了。

你的爱给我爱他人的力量——

把我脚上的污泥塑成闪亮的天使翅膀。

性与分心

没有人专门写性和分心的关系，可是我接触过的每位分心者都有性生活上的问题。他们可能不知道性生活的问题和分心有关，因此除非我先提出来，不然他们都不会想到要问。

咨询师需要询问分心者的性生活。乍看之下这也许不太合适，但是你若不问，患者就不会提起，而问题就无法解决。以下是我经常遇到的分心者的性生活问题。

无法持续

伴侣之间缺乏性亲近最常见的原因就是，分心者无法维持长久的注意力。而这一方分心者往往是男性伴侣，但是也不一定。

做爱需要双方都安定下来，放轻松、专心。双方都需要忘记手机、电子邮件和其他一切的干扰。一般人只要想到和爱人躺在一起，就足够忘记其他一切了。

分心者则不然，他可能在跟很喜欢的人做爱到一半时，心里却想着电子邮件。不管他身在哪里，他的心都会跑到别处。

　　无法持续保持专注，会毁掉任何浪漫的气氛。分心者缺乏耐性，总是要直接进入主题。这在商业会议里可能是优点，在爱情中则不然。我们可以想象分心者在约会的时候，在烛光餐厅不耐烦地跟女朋友说："好，你爱我，然后呢？"

　　分心者会想从一个刺激跳到下一个刺激，不愿意等待，不想在任何地方停留太久。享受当下不是他们与生俱来的能力。刺激必然导致刺激，不管是在工作、娱乐、运动或恋爱中。一旦一段爱情关系与刺激高度绑定了，分心者就会回到过去依赖高刺激的生活习惯中去。

　　除非分心者了解分心，了解自身无法停顿、无法持续、无法倾听的特质，否则他可能会失去和任何人建立亲密关系的机会。他可能是个很有趣的人，一开始也可能是很棒的性伴侣，但是随着时间的流逝，他开始感到无聊，开始无法专注，他的伴侣最终只好放弃他。

　　这个问题很普遍，而且是毁灭性的。许多分心者似乎对电脑、贸易、看电视或打高尔夫的兴趣比对性的兴趣还大。

　　许多男人和少数女人因为这个问题长期接受心理治疗，试图解决他们在亲密关系中的问题，但都失败了。事实上他们真正需要接受治疗的是分心。

　　治疗的第一步是教育。他们需要了解自己的大脑。这不是情感问题，而是神经问题。他们需要学习如何在走神的时候踩刹车以及如何持续地做一件事，这是可以学的。

　　我是怎么做的呢？首先，我设立的目标并不高，我知道自己不可能像我太太一样，在美术馆一待就是好几个小时。我只能待 20 分钟，所以我就只要求自己待 20 分钟。设定符合现实的目标让我更愿意尝试，也更可能达成目标。

其次，我太太也了解我的极限，对我的要求不会太高。她了解分心，知道我永远不会像她那么享受美术馆、饭后一杯咖啡、日落、散步以及读小说这类事情，她只要求我进步一点点。

这是个现实的目标。我能够改变就是因为我知道自己不需要变得完美。我可以随时先离开美术馆。有了这个保证，我反而能够待得越来越久。

慢慢地，我开始喜欢保持专注了，就像跑步跑到一个阶段会有快感一样。这时，内啡肽出现了。如果我在一张画前坐得足够久，就会不想离开。我被吸引住了，我觉得进入了一个安静愉快的地方。

同样的情形也可以发生在卧室里。我鼓励分心者先用其他情境练习持续力。你一旦学会在一件事情上持续，你就很快地可以把持续力运用在其他事情上了。既然性行为容易引起焦虑，那么从其他事情开始练习持续力会比较安全。

药物也可以帮助分心者持续专注。很多女性分心者在接受兴奋剂之后，首次体验到了性高潮。长时间专注是获得高潮的前提。

即使药物不起作用，只要能从神经系统的角度看这个问题，慢慢努力，就可以大幅改善情况。

别把分心者当孩子

此外，比较深层的问题可能是权力斗争。不自觉地，没有分心问题的一方会成为分心者的家长，因为他们必须负起责任来，这会让分心者觉得自己像对方的孩子，而不是伴侣。

一段时间后，原来的激情关系渐渐变成友情，最终两个人只是被孩子、共同兴趣、经济上的便利或是惰性绑在了一起。

没有患分心的一方会觉得受挫、寂寞、欲求不满，会怀疑自己为什么无法引起伴侣的性趣。

如果这时分心者还没有及时得到诊断，那么婚姻中的双方就会出现轻度抑郁。双方都觉得好日子不再了。有些人走上离婚的道路，而有些人陷入长期的愤怒与不满，比如下面这样：

> 没有分心问题的一方可能会说："你有什么问题吗？"
>
> 对方可能说："我觉得没有问题啊，我爱你，我只是太忙了。"
>
> "不，你不只是忙。你在躲避我。你从来都不碰我，你还觉得我有吸引力吗？"
>
> "当然有，我爱你啊。"
>
> "那你为什么不表现出来？为什么我们现在不能像以前那样了呢？"
>
> "我们有时候还是会做啊。"他开始自我防卫了。
>
> "真的吗？那你说上次是什么时候？6 个月以前！我受不了。你觉得我很丑吗？你说实话。你觉得我需要减肥吗？你现在看都不看我了。"
>
> 他看向别处。他也不愿意失去激情，他也自责。他知道她在努力维持两个人之间的激情，而他却帮不上忙。他不明白是怎么回事，不知道要说什么才好。
>
> "是不是就算我穿着性感睡衣在你眼前走过，你还是只盯着电脑！"

"对不起。"

"少来可怜兮兮的那一套。我们以前多亲密啊，你为什么不感兴趣了？还是以前只是为了要追我？"

这是真的。追女朋友的时候，每个男人都会很专注，即使是分心者也不例外。一旦追到了，普通人可以维持热情，甚至让感情加深，但是分心者往往会失去热情，因为新奇感已经消失了。

但这不是唯一的原因，真正扼杀亲密的是其他问题。没有分心问题的一方必须保持头脑清醒，并提醒、说服、诱哄甚至刺激分心者，为他做许多事。这样在不知不觉中，他们发展出了一种"亲子关系"。

这种亲子关系会扼杀所有的激情。你不会想跟一个控制你的家长做爱。渐渐地，你失去了热情、玩耍的心情、脆弱的感觉以及攻击性，这些都是产生激情的要素。你越来越想逃避、越来越被动，你把注意力转移到其他事情上。你还爱你的伴侣，但是你不想跟她做爱。

你不需要这样。你可以通过诊断和治疗，让伴侣了解分心，也可以和伴侣分工，分担责任，比如管理时间、管理金钱以及照顾孩子等。慢慢地，等到双方压抑的愤怒都发泄出来之后，爱情就会复苏了。

这会花很多时间。但是优秀的咨询师会对你很有帮助。双方都要有机会说说发生了什么事、有机会生气，然后能够了解、接受对方，并且一起找到两个人相处的新模式。

双方需要平衡工作、分担责任，两个人应该做一样多的工作，负一样多的责任。没有人应该做家长，也没有人应该做孩子。

时间管理

另一个让性生活不美满的常见原因是缺乏时间管理能力。

如果两个人睡觉的时间不一样，能够做爱的时间自然有限了。分心者本来就不会管理时间。即使他有兴趣做爱，也不会记得。他们的时间概念只有"现在"，所以重点不是他想不想要，而是要把做爱排进他的时间表。

一个妻子抱怨说："可是这太不浪漫了！我可不希望他排时间跟我做爱，像是排时间保养汽车一样。"

"你得学着不要在意。这不是针对你，所以你没必要往心里去。你要记住，当他跟你做爱的时候，他很享受那个当下。他去保养汽车时，可不一定觉得很享受。很多丈夫可以随时做爱，可是你的丈夫不能。这并不表示他不喜欢你或是觉得你没有吸引力。这只说明他需要提醒和结构才会记住要做的某件事，即使做爱也一样。"

"那我怎么办？脖子上戴个哨子，想要的时候就吹哨子叫他吗？"她非常气愤。

"不用。只要你们有个简单的约定，比如'星期二晚上 10 点，床上见，看看会发生什么事'，然后偶尔提醒他一下就可以了。"

相信我，这可以大大改善性生活的质量。

永远不够

有些人的问题正好相反。他们的性欲特别强，性行为特别频繁，似乎永远得不到满足。

有时候，分心者解决这个问题的办法就是找很多情人。但是更常见的情况是，分心者一直要求做爱，直到配偶厌倦了。如果不让他顺心，他就会生气，变得难以相处。

遇到这种情形，如果夫妻双方的性欲都很旺盛，那也不是太大问题，但如果双方性欲不匹配，最好的方法是找到妥协的方式。性欲较弱的一方需要清楚地告诉对方自己的想法，而性欲较强的一方需要寻找替代方案，不是找其他情人，而是做做其他活动，转移注意力。

很明显，外遇并不是好办法，但是自慰、运动、追求其他业余爱好都很有帮助。做你真正感兴趣的事情，脑中产生的内啡肽会让你忘记性欲。

这是一个需要不断寻找、实验和反省才能解决的问题。你需要明白，仅仅因为你想要就要求别人每天做爱 5 次是不公平的。如果你坚持己见，就可能会完全失去对方。

用性行为自我治疗

有的分心者会将性当作自我治疗的工具，他总是和异性打情骂俏、动手动脚，并且外遇不断。即使没有外遇，他也会不断追求各种性刺激。

一般而言，如果这种人寻求帮助，他会找上瘾行为、人际关系、性行为方面的专家。这就是为什么这些专家需要认真了解分心，患者需要的是正确的诊断和治疗。

如果分心者得到正确的药物治疗，就可以不再用性行为来治疗自己了。性兴奋可以让大脑专注，药物也可以让大脑专注。简言之，分心者用性当自我治疗的工具，就像其他人用喝咖啡或者开快车来自我治疗一样。

如果伴侣分心怎么办

如果你和分心者结婚了或正在交往，可能有人会劝你结束这段关系。然而，不要绝望，希望永远都在。下面，我将为你提供一些技巧和建议。

第一步是取得诊断。很多伴侣濒临分手的原因，只是因为其中一个人不知道自己有分心的问题。未被诊断出来的分心确实可能让婚姻关系紧张。以下就是这种情况下一段关系常常出现的问题：

- 分工极度不均。非分心者几乎做了所有"杂活"，比如收拾东西、提醒对方、清扫、计划……心理学称之为执行功能。
- 不常做爱，因为非分心者累积了许多怨气。
- 非分心者心里累积了很多怨气，却不敢显露出来，因为他害怕整个家庭会垮掉。
- 分心者永远在做出承诺，但是永远不会实践。
- 分心者会得到更多的关注。
- 家庭财务经常处于濒临崩溃的状态。
- 分心者觉得自己被误解、被判决。
- 非分心者觉得自己更像家长，而不像伴侣。

如果这正是你遇到的情况，请寻求专业人士的帮助。正确的分心诊断可以拯救你们的关系。

有一对夫妻曾来向我咨询。丈夫吉姆有分心的问题，妻子霍普快被他逼疯了。他们一起创建了一家小公司，但一起工作使他们之间的冲突更加激烈。虽然吉姆几年前就被诊断出患有 ADD，正在服药，却还是有很多问题。来见我之前，霍普准备了一张单子，她一走进来就递给我。

我们为什么会来这里？

大部分时候，我不觉得自己是妻子，我觉得自己是一个被宠坏了的 6 岁小孩的妈妈，甚至奶妈，而他：

- 以自我为中心。
- 看到什么都想要。
- 喜欢取笑我，惹我生气。
- 很没耐性，容易生气，有时候受挫就会摔东西。
- 认为做坏事而没被处罚是很好玩的事（他否认这点，但是他脸上的笑容证明了他承认这点）。
- 大小事情的责任都丢给我。

开始服用药物之后，他的确有了一些变化，但是：

- 他只做喜欢做的事情，而不是该做的事情。
- 他的组织能力很差，经常忽视清单上该做的事，即使是他自己要求写的清单。
- 虽然药物能让他能够专注，但是他专注的是下次要买什么车，而不是做正经事。
- 药物确实可以控制他的冲动行为，但是效果仍不够理想。
- 在服用药物时，他的脾气确实比较好，但是好脾气只是暂时的，负能量似乎被他积蓄起来了。在不服用药物的时候，他的脾气会比之前更糟。
- 他觉得我们的工作无聊，总是在找可以分心的事情，比如思考旅行或其他事情，但是公司需要他。

- 他责怪我不够认可他做的事情，这可能是真的，我看到他花很多时间做其他的事情，而他又不肯记录他的工作时间，我根本没办法知道他做了多少。

我觉得婚姻需要团队精神，一起朝共同的目标努力，彼此帮助。可是：

- 我一要求他做些什么，他就会抗议，不管是什么事情，他的第一反应总是逃避（意思就是要我去做）。
- 如果他一时找不到借口，他会答应下来，但是开始拖延，直到我替他做或是唠叨他。
- 他要控制我们去哪里、做什么。即使他同意做了一件他不想做的事情，我也要看他的脸色，根本无法好好享受。
- 值得称赞的是他自己选择的事情，他会好好做，但我要求他做的事情，他才不会好好做。很不幸，大部分事情都是我要求他做的。

其他：

- 他想用钱买快乐。
- 他妈妈教他用乞求的方式要东西（这是唯一他很努力做的事情）。
- 他用非黑即白的方式看世界——总是很极端。
- 他不善于妥协，当我们有意见分歧时，他总是立刻变得很有攻击性。

- 他不会为自己的行为负责任，甚至不记得自己做了什么，所以一直做了又做。

触及我底线的事：

- 我很清楚，一些我要求他做的事情，除非我一直唠叨，否则他才不会去做，还不如干脆我自己做。
- 试着忽视他的坏脾气、批评以及不停的抱怨，仍然喜欢跟他在一起，但这变得越来越困难了。
- 经常需要阻止他买昂贵而不必要的东西，我们支付不起，可是他觉得他非要不可。
- 看着他那些所谓"必须"拥有的东西放在架子上积灰尘，那些东西到手一两天后他便失去兴趣了，又开始要其他的东西了。
- 试着跟上他的话题，但他会跳来跳去，从计划做一些他不会真正去做的事，跳到计划买一些我们负担不起的东西。我们之间大部分的对话都是关于他想买什么，这真是让人生气。我觉得这是在浪费时间。
- 看着他浪费大量时间计划买东西或是看那些低俗的电视节目，然后听他抱怨没时间做他真正想做的事。
- 让他服药，他却不吃。我还要忍着，不能说："你不服药的时候，我根本不想跟你在一起，你太可恶了。"
- 因为他花了那么多钱，所以每次我给自己买东西的时候就会自责。
- 觉得我这一生都得戴着枷锁过日子，而不是有个伙伴陪伴。
- 大部分时候觉得孤单。
- 压力！跟他一起生活压力太大了。

我为什么来寻求帮助呢？因为：

- 我曾经试着跟他讨论这些事情，但是他不是否认就是责怪我。
- 每次谈话我都得从头来，他一副从来没听过这些话的样子。
- 如果我们总算可以好好说话了，他总是说他愿意改，说他愿意做任何事情来挽回我们的关系。好吧，我现在就给他表现的机会。
- 我明白我们两个人对我们的关系有一些认知差距，他说他只有一次考虑过离开我，而我却常常在想这件事。
- 我开始认为自己需要吃药了，每天这样生活真让我受不了。

为什么我还不放弃？

- 这些年我们之间的关系有些进展——小小的进展，虽然不够好，但是让我觉得不是毫无希望的。
- 他并非总是这样，有时候他可以表现得很好（可是就是因为这样，当他表现不好的时候，我才会更生气）。
- 我们的能力互补（当他愿意做事的时候），我们想要的生活很相似。
- 我爱他——有时候我也不懂为什么，可是我爱他。
- 我希望最终达成怎样的目标呢？我其实不知道我们的关系能够改善到什么程度，所以我不想设定目标。

但是，我希望：

- 他能学着像个成人一样为自己的行为负责，把注意力放在有建设性的事情上，不要一天到晚买东西。

- 他能学会甘愿做某件事，即使不是很有趣的事情。
- 他能学会管理时间，先做重要的事情，有时间了再做想做的事情。
- 不要一直想着他没有的设备，或是嫌他的设备有什么问题，学着接受限制。
- 除非他能学会为花钱负责，否则他得把花钱的权力交给我，而得不到想要的东西时，他不能抱怨、不能乞求。
- 他要学着将我们视为一体，即使遇到他原本不想做的事情，他也愿意帮助我。
- 有问题的时候我们可以好好讨论。
- 他要学会支持我，不要老是嘲讽我、责备我。
- 我会学会更宽容地面对他无法改变的部分。

和分心者结婚到底有多困难呢？这张清单很好地描述了这一点。霍普和吉姆真心相爱。只要吉姆继续接受药物治疗，并且请专业人士指导，我相信他的情况就会改善了。

霍普了解分心，她正是吉姆需要的伴侣，吉姆能够有这样的妻子也是很幸运的。现在他需要解决这些问题，需要接受帮助以挽救婚姻。

霍普甚至拟订了治疗计划，里面有许多非常棒的建议，适用于所有面对分心问题的伴侣。这里面也包含了和分心者长年一起生活所发展出来的幽默感。

需要做的事：

- 行为像个成人！
- 即时满足的代价往往过高，不值得。

- 读我给你的电子邮件。我不会乱发邮件给你，我是真心希望你能读我发给你的东西。
- 为自己的工作负责，完成每件事情，而不是只做最基本的一小部分。
- 如果不想做一件事，一开始就拒绝。一旦答应了，就微笑着做完。
- 清楚地说明你目前和我讨论的这件事是"只是想想"，还是你在认真做未来的计划。
- 买了东西一定要记得记账。
- 学会管理时间——不管是不是你喜欢做的事，不要等到我提醒才做。
- 身材保持得更好一点。
- 注意一下穿着，偶尔跟我约会一下。
- 发现我有烦恼的时候关心一下，即使你知道是因为你做了或是没做什么事。
- 写下来，即使你知道自己买了什么或没买什么。
- 想办法让自己愿意努力工作，而不是光顾着上网、看电视、计划旅行或买东西。
- 跟我一起认真做发挥生命潜能、增进人际关系的练习。
- 偶尔夸奖我。
- 提出建设性意见，而不是一直抱怨，等我替你把事情做好。
- 偶尔浪漫一点，亲热一下。
- 在你要我做事情或跟你去哪里之前，先告知我一下。
- 用"我能帮你做什么"的态度生活，而不是"我要怎样逃避做事"的态度。
- 直接说你的感觉或想法，不要用暗示或开玩笑的方式表达。

不要做的事：

- 不要把矛头转向我，怀着防备心反过来责备我。

- 不要老发誓，比如宣布戒掉苏打水，除非你真的能做到。

- 不要不征求我的意见就买大件。

- 不要做你明明知道不该做的事情，或是因为懒惰希望我帮你做你应该做却没做的事情。

- 被抓到做了不应该做的事情时，不要一副扬扬得意的样子。

- 不要花那么多时间谈论你想买的东西，特别是那些不切实际的东西。

- 不要只是为了刺激我，就说或做一些明明知道会惹火我的事情。

- 不要总是想着下一次旅行。其实旅行从来都没有照着你的计划执行，而且你无法用旅行来找到快乐，就像你无法用钱买到快乐一样。

- 当我让你别喂狗、别逗它们的时候，不要忽视我的话。

- 在我工作的时候不要跟我说话，除非真的很重要！在我让你不要跟我说话之后，你常常过几分钟就又忘了。

- 不要因为一件事情无聊或是你希望我去做，就不认真做。

- 我做饭的时候不要问我："什么东西这么难闻？"你可以选择不吃！

- 我打扮起来的时候，不要一副受不了的样子。对我来说，努力打扮已经是不容易的事情了，你的抱怨只会让我更难受。

- 不要走到哪里都把东西弄得一片脏乱。

- 如果你跟我说话的时候，我在工作，而没有注意听你讲话，不要抱怨。这么多年来，是你要我学着不分心的！

- 不要明明不是我的错也怪我，即使是开玩笑也不行，况且通常你都不只是在开玩笑。

霍普知道吉姆需要怎样的帮助。有了这么具体的计划，他们应该可以有更好的生活。

一般来说，一旦 ADD 患者确诊了，下一步就是伴侣双方一起坐下来，可以的话再请一位婚姻咨询师，从专业的角度审视一切，而不是对彼此加以判断和责备。一旦你了解分心者问题的核心在神经系统，而不是道德，就比较容易谅解分心者了。

但是，非分心者的愤怒也确实需要发泄出来，压抑愤怒是不健康的。他需要告诉对方，跟分心者一起生活有多么痛苦。这些痛苦需要被听到，而不只是给他一个解释。分心不是借口，它只能让我们解释部分发生的现象。分心者不能借此为他造成的混乱和不堪开脱。非分心者发泄完愤怒以后，就可以用了解取代愤怒，这时候就可以谅解对方了。

这个过程非常困难，要花很多时间和努力。对某些人而言，离婚或许是比较好的选择，但是我也见过一些人在诊断之后，婚姻生活比以前还好。

接下来双方需要做一些计划、建立一些结构。比如，你们可以选每周某个晚上约会，在比较放松的环境中相处。你们也可以分工，确定各自要做什么，比如谁丢垃圾、谁洗碗、谁铺床、谁洗衣服等。你们还可以约定做爱的时间，虽然这听起来很不浪漫，但是至少会让你们有性生活。

同时，分心者一定要接受恰当的治疗。两个人都需要了解分心是怎么回事，确保你们从羞辱和指责对方的阶段，迈向对新关系的理解中去。

不要以为做了这些之后关系会立刻得到改善。分心者就是很难相处，即使是经过诊断治疗之后也如此。但是每对伴侣都会找出适合自己的方式。以下是一些建议：

- 给彼此一些空间。暂时走开，不是生气摔门走开。你可以说："我想我们需要一些时间和空间冷静下来。我等一下回来再说。"然后走开。散步或是开车兜风都是不错的选择。
- 尽量保持幽默。幽默是最好的愤怒中和剂。有一天，我正在打电话订货，对方是电脑语音系统，总是说："如果你要某某某，就按某个键。"听了一会儿，我终于忍不住了，对着电话大吼："我要跟真人讲话！"语音系统说："对不起，您要的东西我们缺货。"我一下子就气不起来了。
- 记住分心。吵架的时候，很容易忘记伴侣是分心者。虽然分心不是借口，但是一种解释，一旦你理解了对方，通常就不会再责备了。
- 避免彼此虐待的斗争。有时候伴侣会习惯于吵架，以至于在争吵中获得了奇怪的乐趣，并找到了让争吵持续的办法。
- 避免亲子模式。非分心者一方往往会变成家长，而分心者则成会为孩子。
- 尽早寻求帮助。不要把婚姻咨询当作离婚前最后的努力。早一点开始接受婚姻咨询。

虽然听起来和分心者结婚就像下地狱，但事实是你们也可以把关系变得更好。婚姻本来就不容易，只要有心，并且仍然真心相爱、相互尊重、彼此吸引，婚姻就能够幸福。

不要让分心破坏你们的婚姻关系，分心是可以治疗的。

第 26 章

作者特别分享的
小秘诀

多年来，瑞迪与我从很多成功、快乐的成人分心者身上，收集了他们日常生活的秘诀。你可能觉得某些秘诀没有用，或是已经试用过其中一些了，但还是可以记下那些新鲜的想法。如果你认为哪个秘诀会有用，就试试看。

有些秘诀可能看起来微不足道，而有些看起来又似乎过于重大而宽泛。但至少对我们来说，这些大大小小的秘诀是我们想要告诉分心者的，也是我们常常用来提醒彼此的。它们都是来之不易的临床智慧，是简单有效的实用建议。

这些建议主要是针对成人的，但如果改变细节，也可以用在儿童身上。比如，成人要养成一进家门就把车钥匙放在门口的杂物盒里的习惯，而儿童则要养成一回家就把书包放在书桌上的习惯。

以下是我要分享给你们的秘诀：

选对伴侣。找到真正爱你的人。

选对职业。不管你有没有分心的问题，选对伴侣和选对职业都是获得幸福的基本要素。弗洛伊德说过，如果你在爱情和工作两方面都幸福的话，你就会是一个幸福的人。但是，分心者往往在这两方面都会犯错误。他们的伴侣或老板常常是喜欢控制和批评别人的人，总是挑他们毛病，对他们的才华和优点却熟视无睹。

选择老板就像选对伴侣一样，他要能欣赏你的优点，又能够忍受你的缺点，而不会抱怨太多。分心者常常做不到这一点的原因是他们觉得自己什么都不是，认为自己需要被骂、被批评，他们对此习以为常了。

那么要如何改变这种状况呢？求职的时候如何充满自信呢？赴约的时候如何期待对方善待自己呢？这就要看诊断、教育和治疗了。

你需要学习、了解内在那个美好的自己。诊断是第一步，接下来就是学习分心是怎么回事，花些时间接受心理治疗，并最终让自己有所改变。

玄关放个杂物盒，回家后就把钥匙放在那里。当我提醒分心者这一点的时候，他们常常觉得这是小事，不值得费事，但是，千里之堤，毁于蚁穴，找不到钥匙可能会导致更大的损失。

分心者必须注意细节。大部分分心者都知道他们要做什么，他们只是不做而已。十之八九的乱象是因为细节上的疏忽。他们忘记重要会议的日期、忘记地点、忘记带幻灯片、把门票弄丢或者忘记打电话。他们认为自己已经做了该做的事，但是其实没有。

这就是为什么我们要注重细节。不要犯很多分心者常犯的错误，他们认为细节很无聊，就跳过去不读这部分内容了。这有些像闯红灯，你可能会因此而丧命。

别期待完美。我不是要你接受平庸，只是人生难免犯错。如果你不能接受错误，就可能会为每个错误自责。

整理堆积如山的东西。

多准备几个垃圾桶。你需要经常使用、再清空它们。不要只用少数几个垃圾桶，并把它们塞得满满的。这样会让屋子看起来乱糟糟的，而且会使人心情烦躁。不论是在家或在办公室都多准备几个垃圾桶，丢掉的东西越多越好。在现代社会，我们必须学会对纸张或杂志说"我不需要你"，然后把它丢掉。不要为了某一天可能用得上而留东西。东西只会越积越多，用得到的一天却永远不会来。如果你很有名气，想把东西留下来写传记，那就建个图书馆或租个仓库，不要把它们都堆在家里。

做你擅长的事情，不要一直把时间花在克服自己的弱点上。小时候在学校，你有很多时间可以尝试，找到自己擅长做什么，也可以试着克服自己不擅长的事情。小孩子一开始尝试的时候难免会做不好某些事，花时间练习是值得的，但是成年之后要强调自己的优点，而不是继续事倍功半地克服缺点。

注意饮食。不要用药物自我治疗或吃太多碳水化合物；饮食要均衡；要吃早餐，而且早餐一定要吃些蛋白质；每天吃深海鱼油，因为鱼油中富含 ω-3 脂肪酸；补充综合维生素。

分心者需要有人帮他完成计划。很多人开始会制订一个计划，满怀热情地做一阵子，随后就搁置下来或干脆忘记，最后计划只能堆积在墙角。如果你发现自己总是无法完成计划，可能就需要找一个人帮你完成。这个人可以是你的助手、朋友或你的生活教练。

找个优秀的会计师、律师或其他专业人士来处理相关领域的细节。你需要找到有时间观念和能够照顾到细节的人和你一起工作，免得你的配偶一直照顾你。

分配工作！把这几个大字写在卫生间的镜子上方，时刻提醒自己。

实验过有用的方法，即让你成功的方法，就一直用下去。你可能靠着直觉和意志力取得成功，但是不要懒惰。

不要重复使用以前失败的方法。如果同样的工作总是不成功，就换其他的工作吧；如果同种类型的伴侣最后总是会分手，那么下次就找个不同类型的人试试；如果一个亲友总是伤害你，就避免和他来往。

找个你可以信任的人，并听他的话。分心者喜欢固执己见，从而孤立自己。你可能逐渐习惯了什么都自己来，不听任何人的话。你可能很聪明，可是这样绝对会惹出麻烦。找个老朋友，一个了解你的人，听他的劝告。

不要信任所有人。有时候，分心者过于热情、开放、急于行动，因此会太轻易地相信每个人。结果在多次受伤后，分心者会变得不信任任何人。我知道分心者不喜欢中庸之道，可是我还是要建议你，在信任之类的问题上，有时候必须保持中庸。

如果你习惯晚睡晚起，试着使用日出闹钟。这种闹钟会让房间从黑暗逐渐转亮，让你很自然地醒来。

允许自己看一些不用大脑思考的电视节目。这是让自己可以重新充电的好方法。

警惕完成一个大计划之后失落的感觉。每个人都会这样，但是分心者可能会陷入严重的沮丧情绪中，然后开始喝酒或进行其他自我毁灭的行为。最好的方法就是知道自己会失落，在这段时间多和朋友、家人联系，同时也要经常运动。

开车时听有声书，让大脑动一动。

定期进行体育运动。这一点非常重要。运动会刺激大脑分泌多巴胺、去甲肾上腺素和血清素，和服药的效果差不多。

庆祝胜利。分心者常常在获得胜利之后马上进行下一项任务。花一些时间享受成功是非常重要的。你不需要铺张或炫耀，但是你需要让胜利的时刻深植脑海，以便日后支持和鼓励自己。

在日常生活中设置大量提醒你的事物。它们可以是日历、便条、手表、闹钟、电脑以及手机的计时功能，甚至可以是触觉提醒，比如在鞋子里放一颗小石头，提醒自己早上穿上鞋子后要做的事情。

补充精神食粮。你需要提醒自己，你这个人不错。你可以在衣橱里贴一封别人夸奖你的信，每天早上都看得到；把孩子照片放在皮夹里，整天带在身上，随时可以看得到；把自己崇拜的人的照片挂在桌前。

找个玩具。这很重要，请看下面这个例子：

- 我是一名医学生，因此我要花很多时间听讲座、读书以及和病人聊天。在听别人说话的时候，我的手总是一直动来动去，而我的解决方式就是玩捏捏球。

- 我有 3 个捏捏球，一个放在书包里，上课时用；一个放在白袍口袋里，跟病人说话时用；一个放在家里书桌上，读书时用。

- 捏捏球实在是太棒了。它不会粘在衣服上，好玩又便宜。如果弄丢了，只要花点钱就可以再买一个。又因为捏捏球的颜色和皮肤相近，别人不会注意到。这一定是为分心者发明的玩具。

最重要的是，了解自己。知道自己的缺点和优点，你需要改造环境以便激发自己的优势。你必须对自己有充分的了解，并持续地运用这份了解。分心者很容易忘记自己是谁。

哈洛韦尔的方法：保持足够的整齐

似乎每个人都有一套自己整理事物的方法。

杂乱可能让你心神不宁，对于分心者来说尤其如此。我们无法整理东西，无法管理时间，无法管理思绪，无法管理数据资料。我们感到无能为力，感到受挫、无能、迷茫和悲哀。

我们向他人寻求帮助的时候，虽然他们能提供很多实用的建议，很有耐心地听我们不断抱怨，也很愿意帮忙，但是我们能感觉到他们的办法基本上就是在说"动手整理啊"。

毕竟，这不是很简单吗？整理不就像刷牙、铺床一样自然吗？但是，整理绝不是件简单的事，否则也不会有那么多人在讨论组织整理这件事了。如果不是有太多人需要帮助，就不会有那么多关于组织和整理的书出版了。现代生活充满了混乱。

那我们要怎么办呢？特别是分心者要怎么办呢？

其实，分心者需要的往往不是方法，而是态度和陪伴。他们需要找到适合自己的思考方式，需要有人在那里陪他们完成这项大工程。

我的朋友莎伦·沃尔穆特（Sharon Wohlmuth）曾经举办过一次活动，她开放自己的房子让人参观。她是位得过普利策奖的记者及摄影家，出过畅销书，也是一位分心者。她的私人办公室就在家里，很乱，看起来总是像被小偷翻过一样。

开放参观那天，沃尔穆特必须做个决定：是把办公室的门打开，让访客看到自己乱七八糟的私人空间，还是干脆把门关上？最终，她决定开着门。她很好奇这些人看到她的屋子那么乱时心里都在想什么。

第二天，活动主办方告诉沃尔穆特，很多人都认为将自己的办公室门打开是一件勇敢的事。很多人都说她的做法让他们获得了勇气，他们对自己脏乱的工作环境不再感到丢脸了，虽然参观的这些人并不都是分心者。

我知道沃尔穆特的问题有多严重。我们曾经通过电话，而她也曾失声痛哭，为自己无法保持办公室的井然有序而绝望。

无法保持整洁的问题带给她很多痛苦，但是她没有放弃。她一直在努力，找生活教练和顾问来帮助自己。她读过这方面的书，并试着按照书里的方法整理。她会尝试任何人提出的好建议，还有各种药物和心理治疗。可是，结果还是一团糟。

但是，沃尔穆特是个很强大的人，她从来不放弃任何事情。她曾经深入穷乡僻壤去采访，去非洲在疾病与极度贫穷中生活，被抢劫过，还曾经在沙漠迷路。她可以解决任何困难。

虽然沃尔穆特缺乏条理，但她通过不断的努力维持了一定的秩序，让自己还能有所成就，没有让缺点毁掉自己。她知道整理不是自己的优势，也永远不会是，但是她足够聪明，她知道不要浪费太多的精力改变事实。

她尝试了各种方法，她尽力了，但没有一种有效的方法。她并不责怪这些方法，她知道问题出在自己。她不放弃梦想，她跟自己说："虽然我不会整理东西，但是我可以在其他方面有所成就。"

她的确做到了！她的黑白摄影技术非常出色，她很会抓住重要细节和当下的情绪。即使经过漫长的一天，她的镜头还总是能够聚焦。她用很多方法让自己保持秩序，其中最重要的就是坚持。

她还很有幽默感。她不会被问题打倒，她会用幽默感解除困境。

她也知道，有创意的人多多少少都是缺乏条理的。就像某位朋友跟她说的："在你的办公室，我可以看到你的创意在蓬勃发展。"

我认为这正是我们每个人所需的生活态度。分心者可能会花过多的时间和金钱让自己变得有条理。这个目标不但不实际，而且不必要。分心者只需要保持足够的条理，以便能够工作就可以了。

足够有条理，每个人都做得到。我会建议你帮自己或孩子设立这样实际的目标。很多人想要彻底改变自己，这种不切实际的幻想往往会让人既痛苦又浪费时间。

常常有人问我，身为分心者，我是如何从医学院毕业的？也有人问我，身为分心者，我是如何为人夫和为人父的？我有 3 个孩子，每年要参加

75 ～ 100 场演讲，共写了 12 本书，还要出诊。

答案正是：我学会了维持足够的组织与秩序来达成我的目标。我在小学五年级学会了基本的组织技巧。我的学校管理很严格。在整理这方面，我的父母没有教我什么，家里的成人不是酗酒就是有精神疾病，完全没兴趣教我如何保持整洁和秩序。于是，我在整理方面的教育只能在学校里完成了。

学校老师教我列清单。他们教我把作业要求写在纸条上，并放在显眼的地方；他们教我注意细节，比如，从笔记本里撕下一页纸的时候，怎样不把纸撕破；他们教我做生词卡片以帮助记忆。他们为我提供了一套组织技巧，让我在需要的时候使用。

在医学院里，我就是靠着背记忆卡片过关的。如今我每天还在用记事本记事。这些技巧都是我小学五年级的老师教我的。

我也常用老师教的另一个重要技巧：需要帮忙的时候就开口。我常常在组织方面有需要，于是就开口求助。我并不觉得这很丢脸。

长大后，我还有一个小时候没有的优势：让别人帮我做事。我雇用助理帮我整理资料。我家里的书房就像沃尔穆特的办公室一样乱，我 14 岁女儿的卧室都比我的书房整齐，但是我知道东西都放在哪里，需要用的时候我都找得到。

每隔一段时间，我会有一股冲动，于是我会花上三四小时整理办公室。当我把所有东西都整理好后，我会觉得一切井然有序，就好像刚刷过的牙齿一样。但很快一切又恢复原样。我并不把这视为什么大事，这只是我工作之外的业余工作，仅仅是证明我有事情在忙着。我拿起一本书又放下；我读了一本杂志，没多久又放在一旁；我打开一封信，放下了。别人也许会把书和杂志放回书架、把信归档，而我不是这种人。阅读对我来说有点像消化。我读了某些东西，会想要把它记下来或是利用它做些别的事，我不会立刻站起身把书放好。

长期下来，虽然我的屋子仍然很混乱，但是我有足够的条理来达成目标，这才是重点。

大部分人会告诉你应该如何组织和整理。如果你患有 ADD，我会建议你忘掉这些劝告，它们不适合你。但没关系，你可以把精力放在保持足够的秩序以达成目标上。

治疗分心应该避免什么

在治疗分心的过程中，我们最需要避免的是"缺乏联结"的情况。缺乏联结就像毒气一样，无色无味，却能够在治疗开始之前就毁掉任何治疗。

治疗分心的方法很多，我们不能确切地说哪种方法有效、哪种无效。每种治疗方法都会对某些人有益，否则也不会存在了。但是每一种治疗都需要医生和患者之间产生联结。

药物治疗，加上教育、生活教练、结构组织及其他生活方式的改变，是我们认为最有效的治疗方法，但这并不表示每个分心者都一定要用药，也不表示其他治疗方法不会有效。

不论你采用哪种治疗方法，医生如何向你呈现这些治疗方法才是关键。

找医生最重要的条件就是他会视你为一个完整的人，他可以跟你分享快乐、愿意深入了解你以及关心你病情之外的生活点滴。

很不幸的是，很多诊所不愿意花时间认真进行完整的诊断，或者和患者一起拟定适当的治疗计划。

我所说的"认真进行"指的是医生和诊所带给你的联结感。经过一系列的诊断和治疗之后，你应该感觉他们理解你、了解你、会倾听你的问题。现代精神科的医务人员最常犯的错误就是，在忙着诊断和提供治疗的过程中，忽视了病人本身。这样，患者难免会感到惊慌失措。

忽视病人的原因，不外乎经济和法律责任。现代精神医学渐渐地忽视了病人，只有枯燥的诊断和治疗程序。精神科的医务人员往往避免像上一代医生那样，和病患产生情感联结。

为什么医患间的关系会变得这么糟糕呢？50 年前，精神分析理论视医务人员和病患为一个不可分割的团队。这种医患关系的理论是如此强而有力，没有人敢质疑它。现代医学确实进步了，医疗过程却变得不那么亲切、不那么人性化了。

同时，精神分析的理念变得更开放、更充满活力了，医患间的互动也增加了，虽然不像 20 世纪五六十年代那么引人注意、那么有社会影响力，但是对患者更有帮助。虽然我自己不是精神分析师，我无法忍受长年的专业训练，但非常欣赏现代精神分析领域的发展。在医学界，可能只有精神分析师还会把患者当作一个完整的人对待，而不只看到了他们的病症。

现代精神病学则不然。患者来到诊所，充满痛苦和担忧，他们填了无数个人资料和表格之后，却只能和医生进行简短的谈话。患者用 10 分钟描述完症状，精神科医生的脑子里快速列出《精神障碍诊断与统计手册》（第 4 版）里的各种疾病定义。他通常没有时间仔细了解病患，就急着试图把患者的症状和某种疾病的名字连起来，并做出诊断。

一旦病人列举出足够的症状，且和手册上的描述一致，那么医生就可以确诊了：抑郁症、双相障碍、焦虑症、ADHD 等。一旦做了诊断，医生的脑子就开始思考处方药。他会跟患者提出几种服药的方案，并和患者一起决定要开什么处方。几分钟后，患者拿着处方离开诊所。他迷惑不解，因为他没有得到任何帮助，但是患者仍然怀着希望，"或许这些药物可以让自己好一点"。

医生和患者的互动越短越好，因为保险公司是不会为闲谈报销的。

精神科医生会说，现代精神医学的诊断治疗更科学、更客观，因为我们掌握了更多证据，而不用再靠主观直觉。但是随着科学不断进步，我们执业的方式却日益缺乏亲和力，以至于常常显得粗糙甚至粗鲁。这可不是治疗情感创伤的好方法。

因此，你需要找个愿意放慢脚步的医务人员。除了填写问卷之外，你需要听到医生说："我还需要更了解你，跟我谈谈。如果你太太能够跟你一起来就更好了。"你需要一位不走捷径的医生。

所有医疗领域的脚步都越来越快了。快，而且充满防卫心。但我们真正需要的是花些时间彼此了解，建立联结。然后，医生要在全人医疗的基础理念上建构出最适合患者的治疗计划，引导患者一步一步走出分心的迷宫。

关于分心的 27 个基本问题

大部分 ADD 患者都没办法读完一整本书，不是因为他们不想读完，而是读完一整本书对他们来说很困难，就像不换气唱完整首歌一样。

为了那些可爱的分心者，我们写了这部分内容。只读这部分内容就可以让你对分心有些了解。如果你想知道得更详细，那么可以请某个很爱你的人读完整本书，然后告诉你本书的内容重点。

我们将用问答的方式呈现，这是最适合分心者的阅读方式。

ADD 问与答

1 Q： ADD 是什么？

A： ADD 就是注意障碍，既包括好的方面也包括坏的方面。对许多人而言，分心不是一种疾病，而是一种特质、一种生活方式。

分心者的大脑就像赛道上的赛车。只要采取某些特定措施，车手就可以既享受比赛的过程，又避免灾难的发生。

《精神障碍诊断与统计手册》（第 4 版）用 18 项症状来定义 ADD，如果一个人具有其中 6 项症状，那他就可以确诊患有 ADD 了。不过，这些症状只描述了 ADD 带给人的负面影响。如果你只看到负面影响，日子就会更难过了。

分心者通常具有某些特殊才华，最常见的就是创造力、魅力、精力充沛、独特的幽默感、聪慧及勇气。很多成功人士都患有 ADD。

2 Q: ADHD 和 ADD 的差别是什么？

A: 根据《精神障碍诊断与统计手册》（第 5 版）的定义，ADD 根本就不存在，而 ADHD 包含多动的 ADHD 和不多动的 ADHD。因此，ADD 就是不多动的 ADHD。但是许多临床医生像我们一样，还是使用 ADD 一词。不过不管你用哪个术语，重要的是要知道 ADD 或 ADHD 患者可能完全没有多动或冲动的症状，特别是一些女性。

3 Q: ADD 患者的典型症状是什么？

A: ADD 的典型症状是非常容易分心、冲动、静不下来。这使患有 ADD 的成人或孩子在学校、职场、婚姻及其他环境中无法有优秀的表现。

分心者经常有以下特质：

积极特质：
- 创造力，通常在确诊之前无法完全发挥出来。
- 有独创性，能跳出思维定式。
- 拥有独特的人生观和与众不同的幽默感。

- 惊人的韧性和毅力，甚至可以说是顽固。
- 热心大方。
- 直觉非常强。

消极特质：

- 无法把伟大的想法化为行动。
- 无法对别人解释自己的想法。
- 无法长期发挥潜力。他们可能在学校或职场表现得不好，也可能表现得很好，但是他们希望能找到要诀，因为这样他们可以取得更大的成就。
- 因为受挫折，常常有愤怒或沮丧的情绪。
- 不善于处理金钱问题或做财务计划。
- 对挫折的忍耐力低。
- 虽然很努力，表现却时好时坏。
- 总是被不了解 ADD 的老师或上司视为懒惰、不专心或态度不好。
- 缺乏组织能力。分心的孩子会把书包和衣橱塞得满满的，而分心的成人则会把所有东西都堆成一堆，这些东西很快就占满了生活空间。
- 无法管理时间，总是一拖再拖。
- 寻求刺激。分心者往往会被危险的或令人兴奋的事情吸引，因为只有在高刺激的活动中他们才能专注。
- 特立独行（这一点可以是有利也可以是不利的特质）。
- 缺乏耐性。
- 容易分心。
- 有时非常具有同理心，有时非常缺乏同理心，要看他在一件事上的专注和投入程度。

- 无法欣赏或了解自己的缺点。

- 可能有酗酒或其他上瘾行为，比如购物、性、吃东西和冒险。

- 很难坚持完成一件事情。

- 常常没有任何原因就改变计划、改变方向。

- 无法从错误中学习。分心者常常重复同样的错误。

- 容易忘记自己及他人的缺点。分心者容易原谅别人，一部分原因是因为他们容易忘记。

- 解读社交信息有困难，因此很难交朋友。

- 常常陷入思考，不论身边发生什么事情。

4 Q: 大部分人不都是这样吗？

A: 一般人偶尔也会有这些症状，但是 ADD 的诊断不是依据你是否曾经有过这些症状，而是依据症状的强度和延续时间的长短。如果你的症状比同龄人严重，并且一直如此，那你可能就患有 ADD。

5 Q: ADD 的成因是什么？有遗传性吗？

A: 目前我们无法完全确定是什么原因造成了 ADD，但是确实有家庭因素。就像一些行为和个性一样，ADD 会受遗传影响，但并不是完全靠遗传决定的。环境和遗传一起决定了 ADD。

我们从一些简单的数据就可以看出遗传对 ADD 的影响。我们估计约有 5% ～ 8% 的儿童有 ADD，但是如果父母双方有一方是分心者，那么孩子是分心者的概率就会变成 30%；如果父母双方都是分心者，孩子是分心者的概率就会提高到 50%。不过遗传不是唯一的因素。出生时缺氧、脑部受损、母亲怀孕时喝太多酒、血液中铅浓度太高、对某种食物过敏、对环境或化学物质过敏、接触过多的电视或电子游戏都可能导致分心，此外还有许多我们并不了解的其他因素也会导致分心。

6 **Q:** ADD 会自动消失吗？

A: 是的。30% ~ 40% 的儿童分心者到了青春期，症状就会自动消失，并且永远不会复发。大脑发育过程中所发生的变化可能会让症状消失，还有些青春期的孩子学会了适应 ADD。但是如果和他们仔细谈谈，你就会发现症状都还在，只不过他们努力克服了症状并取得了成功。治疗对他们还是会有所帮助的。

7 **Q:** 儿童 ADD 患者是否被过度诊断了？

A: 可以说是，也可以说不是。在有些地方过度诊断的现象的确存在，但也有些地方存在诊断不足的现象。在一些学校里，连动作敏捷的儿童都被贴上了 ADD 的标签，但是在其他地方，医生也会拒绝做出 ADD 的诊断，因为他们不相信有 ADD 这回事。

因此我们应该向医生、教师、家长和学校行政人员普及 ADD 的知识，让大家都了解 ADD，这样，过度诊断和诊断不足的问题就都能得到解决了。

8 **Q:** ADD 的诊断程序是什么？

A: 没有绝对权威的诊断测验，最好用几个测验进行交叉诊断。目前最有效的"测验"是患者的个人档案。患者的个人档案必须至少由两个人提供。除了本人之外，医生还要对分心者的家长、教师、孩子或配偶进行访谈，因为分心者不善于客观地观察自己。

除了患者的个人档案之外，一个新的测验方法是定量脑电图。这是个简单、无痛的脑波检测，准确率几乎可达 90%，这种方法可以确切地诊断出 ADD。

如果不清楚患者是否有其他问题，特别是他是否曾经有过脑部创伤，那么做单光子发射计算机断层成像可能会有帮助，但这种扫描设备并不是每个地方都有。

诊断过程还应该包含《精神障碍诊断与统计手册》（第 4 版）诊断标准中所有的问题，此外定量脑电图、单光子发射计算机断层成像以及其他标准化评估表，比如 ADHD 评估表（ADHD Rating Scale）或布朗评估表（Brown Scale），都能让大家对诊断更具信心。当然，这些测验都不是绝对必要的，但都会有帮助。

最后，神经心理测验可以帮助确定诊断，并暴露相关问题，比如学习障碍、焦虑、抑郁和其他潜在问题。

如果你的主治医生很忙，那么谈患者个人档案的时间可能很短，也不太可能做任何神经心理测验。这时，定量脑电图和各种标准化评估表就更重要了。

最好的诊断过程要包括找出患者的天资和优势，因为这是治疗成功与否的关键。

9 Q： 是否一定要做定量脑电图、神经心理测验或单光子发射计算机断层成像？

A： 这三种方法都会有帮助，但是没有任何一种是必要的，除非无法确诊或是怀疑患者有阅读障碍、脑部创伤、双相障碍等。

10 Q: 我应该找谁帮我做诊断？

A: 最好的方法是寻找有实践经验的医生。医生的经验比学位更重要。很多不同领域的人都可以帮助你。儿童精神科医生在 ADD 方面受到的训练最多，而且大部分儿童精神科医生也治疗成人。成人精神科医生一般缺少 ADD 方面的相关训练，但是大部分心理学家都受过这方面的训练。

11 Q: 和 ADD 有关的常见疾病是什么？

A: 阅读障碍及其他学习障碍、抑郁症、对立违抗性障碍、品行障碍、反社会型人格障碍、创伤后应激障碍、焦虑以及双相障碍。

12 Q: 关于 ADD 诊断及治疗，还需要注意什么？

A: 现代社会的人们缺乏人际联结。研究显示，缺乏人际联结可能会造成焦虑、抑郁、低成就感、破坏性行为和很多健康方面的问题。你可以试着认真发展人际关系，就像你认真地控制饮食和进行运动一样。

13 Q: 儿童双相障碍呢？会不会看起来像 ADD？怎样区分两者？

A: 每当我们怀疑儿童有 ADD 的时候，都不要忘了双相障碍的可能性。一些专家相信，如果给患有双相障碍的儿童服用兴奋剂的话，可能会对他们造成严重的伤害，他们可能会变得有暴力倾向、沮丧，甚至想自杀。这也是为什么你应该找受过良好训练的专家来诊断 ADD。

分辨双相障碍和 ADD 的关键如下：首先，双相障碍儿童的父母往往有双相障碍和抑郁症病史；其次，双相障碍的主要症状是情绪快速波动，与环境无关，而 ADD 的主要症状是注意力不稳定；最后，双相障碍儿童的一天往往充满了变化，他们可能晚上非常有活力，而早上则起床困难，患有 ADD 的儿童也可能有这样的表现，但是患有双相障碍的儿童表现得更明显。

14 Q: 治疗 ADD 的最好方法是什么？

A: 要看情况，最好的方法是根据个人需要量身定制的治疗计划。患者应该和医生一起制订计划，并随时修正。

15 Q: 最常见的治疗计划是什么？

A: 我把治疗计划分成 8 个步骤：

- 诊断，发现分心者的才华和优势。
- 执行 5 步法来提升才华和优势（请见第 16 章）。
- 教育。
- 改变生活方式（减少看电视及使用其他电子产品的时间，增加和亲友相处的时间，加强运动）。
- 建立结构。
- 某种咨询或治疗，比如请生活教练、职业咨询、婚姻咨询、营养咨询以及心理治疗、家庭治疗、职业治疗等。
- 其他可以提升药物治疗效果或完全取代药物的治疗，比如刺激小脑运动、有目标的家庭教育、一般性运动等。
- 药物（如果愿意服药的话）。

16 Q: 在诊断、执行治疗计划的过程中，哪些部分能够提升患者才华和优势？

A: 得到正确的诊断本身就是一种解放。患者一旦确诊患有 ADD，就可以抛开过去的道德标签，比如懒惰、柔弱、缺乏纪律和不守规矩等。

找出分心者的才华及优势是治疗中最重要的部分。分心者往往非常熟悉自己的缺点，却看不到自己的优点。诊断可以改变这种状况。改变沮丧的生活状态最好的方法就是找到自己的才华和力量，关注自己有什么，而不是没有什么。年纪越大，你越要花更多时间做你擅长的事情。这才能使你的人生获得满足感。

17 Q：提升才华和优势的 5 个步骤是什么？

A：**第 1 步是联结**，和老师、教练、导师、生活教练、爱人、朋友建立联结。一旦你觉得有了联结，就会有足够的安全感，可以进行下一步。**第 2 步是游戏**，你可以通过游戏发现你的才华和优势。游戏可以是任何让你兴奋及需要想象力的活动。一旦找到你喜欢的游戏，就重复去做。**第 3 步是练习**，练习会让你进步。**第 4 步是掌握技巧**，并成为专家。一旦你掌握技巧了，别人就会注意到你，给你鼓励。**第 5 步是得到肯定与鼓励**，这会加强你与尊敬、重视你的人之间的联结。

不论年纪大小，你都可以用这种方法来提升自己的才华，但是要注意第 3 步，不要过度强调练习。练习仅仅在短期会有效果，但是长期下来会让人筋疲力尽。

为了让这个模式一直充满热情地循环下去，实践者必须有发自内心的能量，而不是靠外在的刺激。要做到这一点，这个循环必须由联结和游戏开始。

18 Q：为什么教育是治疗的一部分？

A：治疗实际上意味着你要学着用最热情、最具建设性的方式让你的大脑适应这个世界。诊断和教育本身就有治疗效果。当你了解得越多，就越能改善生活。

教育可以让你了解自己有怎样的才华与优势。分心者不擅于发现自己的优点，但没关系，花点时间，慢慢寻找。

治疗只有一个原则：找出自己擅长什么，做自己擅长的事。

19 **Q:** 如果我什么都不擅长怎么办？或者我擅长的事情是非法的、危险的或者没有任何意义的，比如玩电子游戏，又该怎么办？

A: 每个人都有某种才华。每个人都可以把兴趣转化为合法的、安全的、有价值的和有意义的技能。比如，如果你爱开快车，你可能适合从事某种非常刺激的冒险性工作，比如炒股或是当记者；如果你爱打电子游戏，你可以去电玩店工作，或是学习设计游戏软件。

伟大的事业往往奠基在某些我们非常喜欢的、危险的、无意义的活动上。找出这颗种子，如果找不到，请人帮你一起找。

20 **Q:** "结构"指的是什么？

A: "结构"是可以弥补你能力缺失的任何习惯或工具。比如，分心者的大脑不太会分类，他们需要买很多柜子，把东西分类放好。闹钟、钥匙圈、玄关处放钥匙的储物盒都是"结构"。一回家就把钥匙放在储物盒里，把文件分类放进书柜的习惯也是"结构"。有用的工具和好习惯可能比药物的帮助还大。

21 **Q:** 分心者在生活中应该注意什么？

A: 要注意以下几点：

● 积极的人际交往。现代人得到的微笑、拥抱、挥手或握手都不够多，积极的人际交往就像优质的睡眠或健康的饮食一样重要。

- 减少使用电子工具（电视、电子游戏、网络等）的时间。
- 睡眠。充足的睡眠指的是你可以不用闹钟自然醒来。无论你有没有分心问题，只要睡不够，你都会像个分心者。
- 饮食。饮食要均衡，早餐要吃一些含蛋白质的食物，蛋白质是最长效的脑部营养物。
- 运动。定期运动是大脑最好的补品。即使只是 15 分钟的散步，也要每天坚持。运动会刺激肾上腺素、内啡肽、血清素的分泌，这些化学物质正是我们用来治疗 ADD 的药物的成分。所以，运动就是天然的药物。
- 信仰或药物。这二者都会让你平静专注。

22 Q: 生活教练和家庭教育是指什么？

A: 生活教练是除家长和配偶之外的人，他们帮助你维持条理、掌握重点。生活教练有很多种，可以是费用昂贵的专业教练，也可以是祖父母。你可以在网络上找到能提供生活教练的专业组织。

对大部分人而言，最重要的是家庭教育，即专门针对某个问题或症状的教育。比如，如果你的数学有问题，就请数学家教。越早处理认知能力的不足越好。对于比较广泛的问题，比如时间管理等，你可以找受过专业训练并熟悉学习理论的专业教育治疗师处理。

23 Q: 还有其他非药物治疗的方法吗？

A: 最有效的非药物治疗是确定和提升优势、接受教育、建立结构、改变生活方式、得到生活教练的帮助、咨询和接受训练。

为刺激小脑特别设计的运动可能会成为重要的治疗方法，虽然这些方法的功效尚未被研究证实。这类方法包括：多尔疗法、健脑操、互动式节拍器（Interactive Metronome）及其他职业治疗师建议的方法。

营养治疗也会有帮助。ω-3 脂肪酸本来就对健康有益，而对分心者则更有益。我们建议服用深海鱼油来摄取 ω-3 脂肪酸。服用抗氧化剂也会有帮助。葡萄籽是自然界最有效的抗氧化剂来源之一，蓝莓也是。

24 **Q：** 治疗 ADD 的药物有哪些呢？

A： 除非你了解药物的作用，并且不抵触药物，否则就不要用药。决定用药之前尽量多了解，你可能会发现药物并不那么可怕。研究显示，药物是治疗 ADD 最有效的一种方法，对 80% ～ 90% 的患者都有效。药物可以提升注意力，改善生活的各个方面。最常用的药物就是兴奋剂，比如利他林或阿德拉；或有类似作用的长效型药剂，比如专注达、长效利他林或长效阿德拉。如果你考虑用药物治疗，一定要找有经验的医生，因为剂量的细微不同就可能造成极大的差异。

25 **Q：** 兴奋剂有什么危险？

A： 只要是药物就有副作用。兴奋剂最常见的副作用是胃口不好，不常出现的副作用是头痛、血压升高、心跳加快、头晕、呕吐、失眠、肌肉不自主地跳动、不安或焦虑、躁动及恐慌等。减少剂量、换药或停药可以消除这些副作用。

26 **Q：** 关于兴奋剂，我还应该了解什么？

A： 你还应了解以下这些事实：

- 服药大约 20 分钟后，药效开始出现，一般可以维持 4 ～ 12 个小时。
- 可以随时开始或停止服用。它不像抗生素和抗抑郁药，你不需要让它在血液中维持一定的浓度。当然，停药的时候，药效也会消失。
- 如果你服用兴奋剂，并不表示你一辈子都得服药，你也可以用一些其他方法来取代药物。
- 目前来看，长期服药并没有危险。
- 药物只对 80% ～ 90% 的 ADD 患者有效，这意味着 10% ～ 20% 的患者对药物没有反应。
- 永远不要强迫任何人服药。

27 **Q：** 除了兴奋剂以外，还有哪些药物可以服用？

A： 金刚烷胺可能是最好的 ADD 药物。起初，医生用的剂量太高，因此有副作用出现。后来，哈佛大学医学院的威廉·辛格医生开始使用较低剂量，结果非常好。这不是处方用药，不是兴奋剂，几乎完全没有副作用，应该受到更多重视。

新药择思达也可能有帮助。这是一种去甲肾上腺素再回收抑制剂，不是处方用药。但是它只对某些患者有效，你必须试了才知道有没有效。此外，非典型抗抑郁药安非他酮也可能有效，它也不是处方用药。

未来，属于终身学习者

我们正在亲历前所未有的变革——互联网改变了信息传递的方式，指数级技术快速发展并颠覆商业世界，人工智能正在侵占越来越多的人类领地。

面对这些变化，我们需要问自己：未来需要什么样的人才？

答案是，成为终身学习者。终身学习意味着具备全面的知识结构、强大的逻辑思考能力和敏锐的感知力。这是一套能够在不断变化中随时重建、更新认知体系的能力。阅读，无疑是帮助我们整合这些能力的最佳途径。

在充满不确定性的时代，答案并不总是简单地出现在书本之中。"读万卷书"不仅要亲自阅读、广泛阅读，也需要我们深入探索好书的内部世界，让知识不再局限于书本之中。

湛庐阅读 App: 与最聪明的人共同进化

我们现在推出全新的湛庐阅读 App，它将成为您在书本之外，践行终身学习的场所。

- 不用考虑"读什么"。这里汇集了湛庐所有纸质书、电子书、有声书和各种阅读服务。
- 可以学习"怎么读"。我们提供包括课程、精读班和讲书在内的全方位阅读解决方案。
- 谁来领读？您能最先了解到作者、译者、专家等大咖的前沿洞见，他们是高质量思想的源泉。
- 与谁共读？您将加入到优秀的读者和终身学习者的行列，他们对阅读和学习具有持久的热情和源源不断的动力。

在湛庐阅读 App 首页，编辑为您精选了经典书目和优质音视频内容，每天早、中、晚更新，满足您不间断的阅读需求。

【特别专题】【主题书单】【人物特写】等原创专栏，提供专业、深度的解读和选书参考，回应社会议题，是您了解湛庐近千位重要作者思想的独家渠道。

在每本图书的详情页，您将通过深度导读栏目【专家视点】【深度访谈】和【书评】读懂、读透一本好书。

通过这个不设限的学习平台，您在任何时间、任何地点都能获得有价值的思想，并通过阅读实现终身学习。我们邀您共建一个与最聪明的人共同进化的社区，使其成为先进思想交汇的聚集地，这正是我们的使命和价值所在。

CHEERS

湛庐阅读 App
使用指南

读什么
· 纸质书
· 电子书
· 有声书

怎么读
· 课程
· 精读班
· 讲书
· 测一测
· 参考文献
· 图片资料

与谁共读
· 主题书单
· 特别专题
· 人物特写
· 日更专栏
· 编辑推荐

谁来领读
· 专家视点
· 深度访谈
· 书评
· 精彩视频

HERE COMES EVERYBODY

下载湛庐阅读 App
一站获取阅读服务

Delivered from Distraction: getting the most out of life with attention deficit disorder by Edward M. Hallowell，M. D. & John J. Ratey，M. D.

Copyright © 2005 by Edward M. Hallowell，M. D. & John J. Ratey，M. D.

Simplified Chinese Translation Copyright © 2023 by BEIJING CHEERS BOOKS LTD.

Published by arrangement with Edward M. Hallowell, M.D. & John J. Ratey, M.D. c/o Levine Greenberg Rostan Literary Agency through Bardon-Chinese Media Agency.

All rights reserved.

本书中文简体字版经授权在中华人民共和国境内独家出版发行。未经出版者书面许可，不得以任何方式抄袭、复制或节录本书中的任何部分。

版权所有，侵权必究。

图书在版编目（CIP）数据

写给分心者的生活指南 / （美）爱德华·哈洛
韦尔（Edward M. Hallowell），（美）约翰·瑞迪
（John J. Ratey）著；丁凡译. -- 杭州：浙江
教育出版社，2023.6（2025.7重印）
ISBN 978-7-5722-5897-8

Ⅰ. ①写… Ⅱ. ①爱… ②约… ③丁… Ⅲ. ①注意缺
陷—指南 Ⅳ. ①B842.3-62

中国国家版本馆CIP数据核字（2023）第096137号

上架指导：心理学 / 注意力管理

版权所有，侵权必究

本书法律顾问　北京市盈科律师事务所　崔爽律师

浙江省版权局
著作权合同登记号
图字：11-2023-167号

写给分心者的生活指南
XIEGEI FENXINZHE DE SHENGHUO ZHINAN

［美］爱德华·哈洛韦尔（Edward M. Hallowell）　约翰·瑞迪（John J. Ratey）　著

丁　凡　译

责任编辑：刘姗姗　陈　煜

美术编辑：韩　波

责任校对：胡凯莉

责任印务：陈　沁

封面设计：ablackcover.com

出版发行：浙江教育出版社（杭州市环城北路 177 号）

印　　刷：河北鹏润印刷有限公司

开　　本：710mm ×965mm　1/16

印　　张：17.25　　　　　　　　字　　数：235 千字

版　　次：2023 年 6 月第 1 版　　印　　次：2025 年 7 月第 3 次印刷

书　　号：ISBN 978-7-5722-5897-8　　定　　价：99.90 元

如发现印装质量问题，影响阅读，请致电 010-56676359 联系调换。